중학 수학 공식
7일 만에
끝내기

중학 수학 공식 7일 만에 끝내기
세오 가즈히로 지음 | 박현석 옮김
NTOON 만화 그림
살림Math

이 책 『중학 수학 공식 7일 만에 끝내기』는 수학의 공식과 정리를 단순히 모아 놓기만 한 책이 아니며, 또 싫어하는 부분과 약점을 극복하는 방법을 가르쳐 주기 위한 책도 아닙니다. '수학 공식과 정리' 중에서 "이것만은 반드시 알아 둘 필요가 있다."고 생각되는 것의 원리와 사용법을 알려줌으로써 수학에 대한 흥미와 관심을 더하고 동시에 공식과 정리를 일상생활에서 활용하는 방법까지 소개한 책입니다. "공식과 정리가 일상생활에 정말로 도움이 되는 거야?"라고 생각하셨습니까? 분명 공식과 정리를 직접 이용할 수 있는 경우는 거의 없습니다. 그러나 공식과 정리는 '예측해서 논리 정연하게 생각하는 것'에 도움이 됩니다. 바로 이 '예측해서 논리 정연하게 생각하는 것'이 일상생활을 살아가는 데 필요한 중요한 기술입니다. 공식과 정리의 이용은 그 기술을 연마하고 훈련하는 데 도움이 됩니다.

그러나 공식을 무턱대고 외워서 문제에 대입하여 풀었다고 하더라도 그것을 이해했다고는 말할 수 없습니다. 올바르게 사용할 수 있는지, 또 어떤 경우에 사용되는지를 아는 것이 중요합니다. 그러기 위해서는 '공식과 정리'가 어떻게 생겨났는지를 알 필요가 있습니다.

수학을 어려워하는 사람은 흔히 "공식이나 정리를 외우고는 있지만 어떻게 써야 하는지를 모르겠다."고 말합니다. 하지만 어떻게 써야 하는지가 모르는 것이 아니라 공식과 정리의 원리를 충분히 이해하지 못하기 때문에 사용하지 못하는 것이 아닐까요? 공식과 정리는 외우는 것이 가장 좋지만 억지로 외우려 하지 말고 원리나 과정을 생각하며 항상 스스로 만들어 낼 수 있도록(혹은 생각해 낼 수 있도록) 노력할 것을 권합니다.

이 책은 가능한 한 중학 교과과정 내의 학습범위와 학년 순에 따라서 단원을 구성했지만, 필요하다고 생각되면 초등학교 수학으로 되돌아가거나 중학교 학습범위를 벗어나는 내용도 함께 담았습니다.

우선 "이것만은 반드시 알아 두어야 한다."고 생각되는 공식과 정리를 소개했습니다. 그중에는 교과서 등의 공식과는 달리 "이게 공식과 정리야?"라고 생각되는 표현도 있는데 예제나 문제를 풀 때 중요한 포인트가 되는 내용이라고 생각하시기 바랍니다. 공식과 정리가 어떻게 해서 생겨났는지, 어떻게 학습해야 하는지, 그리고 어떻게 문제를 풀어야 하는지를 중심으로 해설하였으며, 수학을 어려워하는 사람에게 도움을 주고 수학의 즐거움을 조금이라도 체험하도록 하고 싶다는 마음에서 집필하였습니다.

세오 가즈히로

차례

양손아, 다음 서클 모임때 보자. 안녕.
어, 안녕
예! 너 수학 서클이야?
응.
오해해해! 이 점수로 수학 서클이라니!
앗! 이리 내 놔!
하아, 난 왜 수학을 못 하는걸까. 과학만큼만 해도 좋을텐데..... 수학은 너무 어려워.
에잇 나도 수학을 잘 하고 싶다구!
펑
앗!
오호홋, 안녕~! 난 소원을 들어주는 냄비의 요정이다. 소원이 뭐냐?
진짜인가요? 그럼 저도 수학을 잘 하게 해주세요. 그래서 양돌이의 관심을 받고 싶어요. 부탁이에요!
그치만 난 냄비의 요정! 소원을 들어줘야지
핫! 수, 수학... 어려운 부탁이다.
좋아! 그렇다면 시험에 잘 나오는 필수 공식 100가지를 설명해 주마, 첫번째 근의 공식
근의 공식!

01 계산을 간단하게 해 주는 공식

교환법칙 $a+b=b+a,\ a\times b=b\times a$

결합법칙 $a+b+c=(a+b)+c=a+(b+c)$

$\qquad\quad a\times b\times c=(a\times b)\times c=a\times(b\times c)$

분배법칙 $a\times(b+c)=a\times b+a\times c$

예제 계산 순서를 생각하여 다음 계산을 해 봅시다.

① $98+56+2+44$　　　② $125\times7\times8$

③ $26\times17+17\times74$

언뜻 복잡해 보이는 계산도 잘 생각해 보면 간단해집니다.

①은 더하는 순서를 바꿔서, $98+2+56+44$로 계산하면 $100+100$이 되기 때문에 답이 200이라는 사실을 바로 알 수 있습니다.

②는 $125\times7\times8=125\times8\times7=1,000\times7$이 됩니다.

③은 $26\times17+17\times74$의 17에 주목하여 $17\times(26+74)$로 바꾸면 17×100과 같은 계산이 됩니다.

곱셈을 할 때는 특히 다음 식을 외워 두면 간단하게 계산할 수가 있습니다.

$$5 \times 2 = 10, \ 25 \times 4 = 100, \ 125 \times 8 = 1,000$$

그리고 이들 식은 나누기에서도 이용할 수 있습니다.

$\times 5 = \div 2 \times 10 \rightarrow$ 예 $24 \times 5 = \underline{24 \div 2} \times 10 = 12 \times 10 = 120$

$\div 5 = \times 2 \div 10 \rightarrow$ 예 $75 \div 5 = \underline{75 \times 2} \div 10 = 150 \div 10 = 15$

$\times 25 = \div 4 \times 100 \rightarrow$ 예 $16 \times 25 = \underline{16 \div 4} \times 100 = 4 \times 100 = 400$

$\div 25 = \times 4 \div 100 \rightarrow$ 예 $1,500 \div 25 = \underline{1,500 \times 4} \div 100$
$$= 6,000 \div 100 = 60$$

$\times 125 = \div 8 \times 1,000 \rightarrow$ 예 $24 \times 125 = \underline{24 \div 8} \times 1,000$
$$= 3 \times 1,000 = 3,000$$

$\div 125 = \times 8 \div 1,000 \rightarrow$ 예 $500 \div 125 = \underline{500 \times 8} \div 1,000$
$$= 4,000 \div 1,000 = 4$$

이 외에도 외워 두면 아주 편리한 것이 **거듭제곱**입니다. 거듭제곱이란 같은 수를 두 번 이상 곱한 수를 말하는데, 예를 들어서 2를 두 번 곱하면 $2 \times 2 = 4$, 2를 세 번 곱하면 $2 \times 2 \times 2 = 8$이 됩니다. 2를 두 번 곱히는 것을 2^2, 세 번 곱하는 것은 2^3이라고 적고 각각 '2의 제곱', '2의 세제곱'으로 읽습니다. 여기서 '곱'이란 '×(곱하기)'라는 뜻입니다. 이 수를 외워 두자는 것입니다.

2의 거듭제곱 $2^2 = 4$, $2^3 = 8$, $2^4 = 16$, $2^5 = 32$, $2^6 = 64$

3의 거듭제곱 $3^2 = 9$, $3^3 = 27$, $3^4 = 81$

5의 거듭제곱 $5^2 = 25$, $5^3 = 125$, $5^4 = 625$

이 정도는 외워 뒀다가 이용하시기 바랍니다.

02 배수를 구분하는 법

7의 배수를 구분하는 법 ⇒ 7을 무시하고 생각한다.

예제 다음 수는 7의 배수일까요?

① 774　　　　② 3,545　　　　③ 14,763

한 자릿수의 배수를 구분하는 방법을 알고 계십니까?

2의 배수 : 일의 자리 숫자가 2의 배수(짝수)

3의 배수 : 각 자리의 숫자 각각의 합이 3의 배수

4의 배수 : 끝의 두 자리 숫자가 4의 배수이거나 00

5의 배수 : 일의 자리 숫자가 5 또는 0

6의 배수 : 일의 자리 숫자가 짝수이고 각 자리의 숫자 전체의 합이 3의 배수

8의 배수 : 끝의 세 자리가 8의 배수이거나 000

9의 배수 : 각 자리의 숫자 전체의 합이 9의 배수

그런데 정작 중요한 **7의 배수**는 안타깝게도 다른 숫자들처럼 간단하게 구분할 수 있는 방법이 없습니다. 하지만 조금만 생각을 해 보면 7의 배수인지 아닌지를 구분할 수가 있습니다. 그 방법은 **일의 자리 숫자를 떼어 낸 숫자에서, 일의 자리 숫자에 2를 곱한 수를 뺀**

수가 7의 배수이면, 원래의 숫자는 7의 배수가 된다는 법칙입니다.

예제의 숫자를 살펴보시기 바랍니다.

①의 774에서 일의 자리 숫자를 떼어낸 수는 77, 일의 자리 숫자 4에 2를 곱한 수는 8이니 $77-8=69$가 되는데 69는 7의 배수가 아니기 때문에 원래의 숫자인 774는 7의 배수가 아닙니다.

②의 3,545는 $354-5\times2=344$인데 344는 7의 배수가 아닙니다.

③의 14,763은 $1,476-3\times2=1,470$인데 1,470은 7의 배수입니다.

예제의 답은 ① 774와 ② 3,545는 '7의 배수가 아님', ③ 14,763은 '7의 배수'입니다. 알겠습니까?

다음은 11의 배수를 구분하는 법에 대해서 설명합니다.

한 자리씩 건너뛰며 더한 숫자의 합에서 나머지 숫자의 합을 뺀 수가 11의 배수라면 그 숫자는 11의 배수입니다.

예를 들어서 6,171,352는 11의 배수일까요? 이럴 경우에는 6,171,352처럼 한 자리씩 건너뛰어, $(6+7+3+2)-(1+1+5)=11$이라고 계산을 합니다. '11'은 말할 필요도 없이 '11의 배수'이기 때문에 6,171,352는 11의 배수임을 알 수 있습니다. 참고로 $6,171,352\div11=561,032$로 나머지 없이 똑 떨어집니다.

연습문제

다음 숫자는 2, 3, 4, 5, 6, 7, 8, 9 중 어느 수의 배수일까요? 중복되는 경우도 있습니다.

① 585   ② 1,442   ③ 32,456

03 | 약수의 개수를 구하는 방법

어떤 정수 n이 $a^p \times b^q \times c^r$이라고 표시될 때, 약수의 개수는 $(p+1)(q+1)(r+1)$개이다.

예제 다음 수를 소인수분해하여 약수의 개수를 구해 봅시다.

① 72 ② 360

소수(1과 그 수 자신 이외의 약수를 갖지 않는 1보다 큰 자연수)가 아닌 **자연수**(양의 정수)를 몇 개의 소수의 곱으로 나타내는 것을 소인수분해한다고 하는데, 그 소수를 찾아내는 데는 오른쪽에서처럼 작은 소수부터 순서대로 나눠 가는 방법이 있습니다. 이것을 **호제법**이라고 합니다.

$$
\begin{array}{r|r}
2 & 72 \\
\hline
2 & 36 \\
\hline
2 & 18 \\
\hline
2 & 9 \\
\hline
& 3
\end{array}
$$

이렇게 **나눈 수**와 **마지막 수를 곱한 것**을 제곱의 형식으로 나타내면 **약수의 개수를 쉽게 구할 수 있습니다.** 각각의 지수(오른쪽 위의 조그만 수)에 1을 더한 다음, 그 수를 모두 곱하면 됩니다.

예제로 확인해 보도록 하겠습니다.

우선 ① 72를 소인수분해하면 $72 = 2^3 \times 3^2$이 됩니다. 이 경우 지수는 3과 2가 됩니다. 각각의 수에 1을 더한 다음, 그 수를 곱합니다. 여기서는 1을 더해야 한다는 사실을 잊지 말 것! $4 \times 3 = 12$이기 때문에 72의 약수는 12개입니다. 72의 약수는 1, 2, 3, 4, 6, 8, 9, 12, 18, 24, 36, 72, 이렇게 12개입니다.

다음은 ② 360입니다. 소인수분해하면 $360 = 2^3 \times 3^2 \times 5$가 됩니다. 지수는 3, 2, 1입니다. 여기서는 **'5'의 지수를 '1'이라고 보는 것**이 포인트입니다. 각각의 지수에 1을 더해 곱하면, $4 \times 3 \times 2 = 24$가 되니 360의 지수는 24개입니다. 정말일까요?

360의 약수는 1, 2, 3, 4, 5, 6, 8, 9, 10, 12, 15, 18, 20, 24, 30, 36, 40, 45, 60, 72, 90, 120, 180, 360으로 틀림없이 24개입니다.

약수에 관해서 이야기할 때, 6은 특별한 숫자입니다.

6의 약수는 1, 2, 3, 6인데 6 자신을 제외한 약수 1, 2, 3의 합도 6이 됩니다. 이와 같은 수를 **완전수**라고 하며 6외에도 28, 496' 등이 있습니다.

한편 두 수의 관계 중에는 **친화수(우애수)**라 불리는 것들이 있습니다. 220과 284를 예로 들 수 있습니다.

그 수 자신을 제외한 약수의 합을 구해 봅시다.

$$220 \rightarrow 1+2+4+5+10+11+20+22+44+55+110 = 284$$
$$284 \rightarrow 1+2+4+71+142 = 220$$

서로 상대방의 수가 됩니다. 이 외에도 1,184와 1,210 등이 있습니다. 수에는 신비한 비밀이 숨어 있습니다!

연습문제

다음의 수를 소인수분해하여 약수의 개수를 구해 봅시다.

① 60 　　　　② 108 　　　　③ 504

04 나머지를 이용하자

공식

1에서 n까지의 정수(자연수) 중에서 a의 배수의 개수는, $n \div a = p$(나머지 r)의 p이다.

예제 31까지의 자연수 중에서 다음 수의 배수의 개수를 구해 봅시다.

① 7   ② 8

배수의 개수는 수의 범위를 한정하지 않으면 무수하게 존재합니다. 그런데 범위를 한정하여 나머지에 주목하면 일상생활에 도움이 되기도 합니다.

어떤 달의 달력입니다.

숫자의 배열에 주목하시기 바랍니다. 세로는 각각 위쪽에 있는 숫자에 7을 더한 수

S	M	T	W	T	F	S
·	1	2	3	4	5	6
7	8	9	10	11	12	13
14	15	16	17	18	19	20
21	22	23	24	25	26	27
28	29	30	31	·	·	·

입니다. 예를 들어서 월요일을 살펴보면 1, 8, 15, 22, 29입니다. 각각의 숫자를 7로 나눠 봅시다. 똑 떨어지지 않습니다. 그렇다면 나머지를 살펴봅시다. 전부 '1'입니다. **즉, 날짜를 7로 나눴을 때 나머지가 같은 수는 같은 요일**이라는 사실을 알 수 있습니다.

달력에 표시된 달은 7로 나누어 똑 떨어지는 날이 일요일이니 '7

일이 일요일'이라는 사실을 기억해 두고, 나머지에 주목하기만 하면 달력을 보지 않아도 "14일은 무슨 요일?", "20일은?"이라는 질문에 "(14는 7로 나누어 똑 떨어지니까) 일요일!", "(20은 7로 나누면 6이 남으니까) 토요일!"이라고 대답할 수 있게 됩니다.

예제로 돌아가 봅시다.

①은 $31 \div 7 = 4$(나머지 3)이니 네 개, ②는 $31 \div 8 = 3$(나머지 7)이니 세 개입니다.

이번에는 "○○일은 무슨 요일일까?"에 대해서 생각해 보겠습니다.

앞의 달력에서 9일의 15일 뒤는 무슨 요일일까요? 달력을 보지 않고도 금방 아셨습니까? 이 경우에는 우선 $15 \div 7 = 2$에 나머지 1이라는 계산을 합니다. 이때 '2에 나머지 1'은 '2주일+1일 뒤'를 나타냅니다. 9일은 화요일이니 9일의 15일 뒤는 화요일의 다음 날, **수요일**이 됩니다.

다음으로 넘어가겠습니다. "올해의 1월 1일은 **화요일**이었습니다. 그렇다면 내년 1월 1일은 무슨 **요일**?"이라는 질문을 받는다면 바로 답하실 수 있습니까? 답은 **수요일**입니다. 윤년이 아닌 해의 일 년은 365일입니다. $365 \div 7 = 52$에 나머지 1이기 때문에 하루 차이로 다음 요일이 되는 것입니다. 또 위의 식을 통해서 일 년이 52주라는 사실을 알 수 있습니다. 일 년이 52주 ……. 여러분은 "52주나 돼?!"라고 생각하십니까? 아니면 "52주밖에 안 돼?!"라고 생각하십니까?

연습문제

두 자리의 정수 중에서 배수의 개수를 구해 봅시다.

① 7   ② 8

05 최소공배수·최대공약수의 이용

두 개 이상의 수량을 정리할 때,
몇 배 ⇒ 최소공배수, 몇 등분 ⇒ 최대공약수
를 이용한다.

예제

① 가로 8cm, 세로 6cm인 직사각형 카드를 같은 방향으로 늘어놓아 가장 작은 정사각형을 만든다면 한 변의 길이는 몇 cm가 될까요?

② 가로 40cm, 세로 24cm인 사각형 종이를 잘라 같은 크기의 정사각형을 만들 때 한 변의 길이를 몇 cm로 하면 가장 커다란 정사각형이 될까요?

예제 ①을 풀기 위해서는 "정사각형을 만들기 위해서는 가로와 세로의 길이가 같아야 한다."는 사실을 알고 있어야 겠지요.

오른쪽 그림을 보기로 합시다.

가로 8cm, 세로 6cm짜리 직사각형 카드를 세로로 네 장, 가로로 석 장 늘어놓으면 정사각형이 됩니다. 이때 만들어진 정사각형의 한 변의

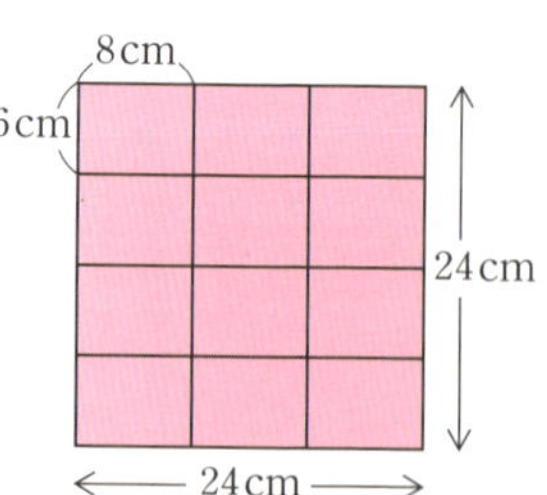

길이는 24cm입니다.

이 정사각형 한 변의 길이는 두 숫자의 **최소공배수**가 됩니다.

다음으로 ②는, 오른쪽 그림처럼 세로로 세 등분, 가로로 다섯 등분하면 한 변의 길이가 8cm인 정사각형 15개가 생긴다는 사실을 알 수 있습니다. 이때 정사각형 한 변의 길이는 두 숫자의 **최대공약수**가 됩니다. 24와 40의 공약수는 1, 2, 4, 8이니 한 변의 길이가 1cm, 2cm, 4cm인 정사각형도 만들 수 있다는 사실을 알 수 있습니다.

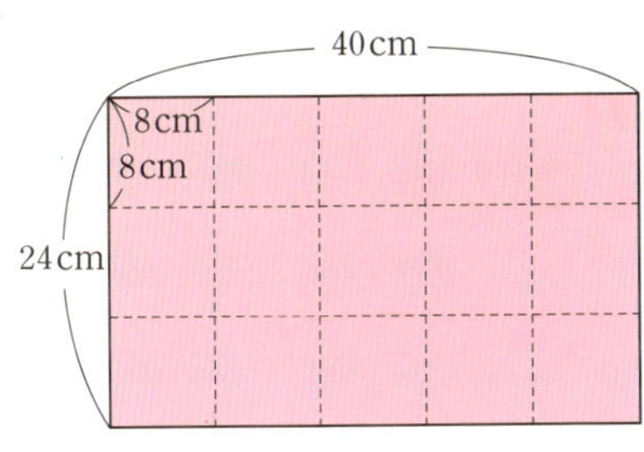

그리고 정사각형의 개수는, 원래 직사각형의 가로, 세로의 길이를 정사각형의 변의 길이로 나누어 나온 값을 곱하면 구할 수 있습니다. ②에서는 $40(\text{cm}) \div 8(\text{cm}) = 5$, $24(\text{cm}) \div 8(\text{cm}) = 3$, $5 \times 3 = 15$개가 됩니다.

연습문제

한 버스 정거장에서 A시로 가는 버스는 8분마다, B시로 가는 버스는 16분마다, C시로 가는 버스는 20분마다 출발합니다. 몇 분마다 세 개의 시로 가는 버스가 동시에 출발할까요?

음수의 크기와 곱하기

공식

① 음수끼리는 절댓값이 작은 쪽이 크다.
② (음수)×(음수)＝(양수)

예제

① −3과 −4 중 어느 수가 더 큽니까?
② (−4)×(−2)를 계산해 봅시다.

수학에 있어서 '음수'는 대개는 '수학이 싫어지는' 최초의 관문이 됩니다. 음수는 좀처럼 눈에 보이지 않기 때문에 싫어하는 것이라고 생각되는데 그렇다면 눈에 보이는 '수치선'을 사용하여 음수의 크기부터 생각해 보기로 합시다. **음수끼리**에서는 **절댓값이 작을수록 큰 숫자**입니다.

그렇다면 '절댓값'이란 무엇일까요? 절댓값이란 수치선에 숫자를 늘어놓았을 때 **0(원점)에서 그 숫자까지의 거리**를 말하는 것으로 음수에서 '−'기호를 떼어낸 수라고 기억하고 계신 분들도 많을 것입니다.

그렇다면 ①의 −3과 −4를 수치선으로 비교해 보기로 하겠습니다. 수치선에서는 **오른쪽에 있는 숫자일수록 큰 숫자**입니다.

−4보다 −3이 더 큽니다.

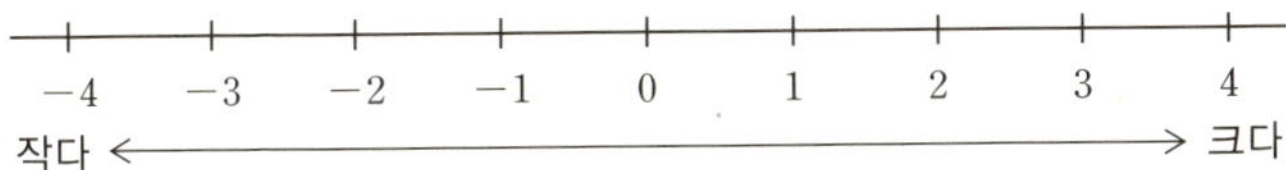

절댓값으로 비교해 봅시다. −3의 절댓값은 3, −4의 절댓값은 4로 **절댓값을 비교해 보면 −3보다 −4가 더 큽니다**. 다시 말해서 **음수끼리**에서는 **절댓값이 작은 쪽이 큰 숫자**입니다.

다음으로 ②입니다. (음수)×(음수)=(양수)가 된다는 사실은 대부분의 사람들이 기억하고 있습니다. $(-4) \times (-2) = 8$입니다. 이것을 그림으로 설명하면 다음과 같습니다.

여기서는 위로 가는 것을 '＋', 밑으로 가는 것을 '−'라고 표시하겠습니다. 그러니까 위로 2km를 가는 것은 '＋2km', 밑으로 3km를 가는 것은 '−3km'라고 표시할 수 있습니다. 그렇다면 지금부터 밑을 향해 시속 4km로 두 시간을 달린 사람은 어느 위치에 있겠습니까? $(-4) \times 2 = -8$, 따라서 8km 아래 지점에 있다는 사실을 알 수 있습니다. 그렇다면 앞의 사람이 지금

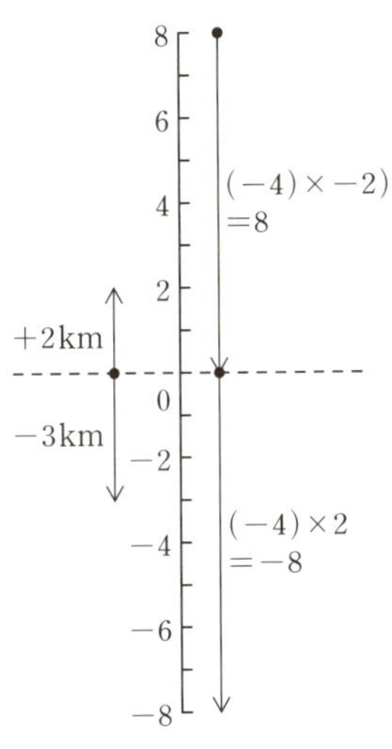

으로부터 두 시간 전에 밑을 향해서 시속 4km로 달리기 시작하였다면 두 시간 전에는 어디에 있었을까요? 위로 8km 되는 지점입니다. 바로 이것이 $(-4) \times (-2) = 8$이라는 계산과 같은 것입니다.

음수의 계산에서 틀리기 쉬운 것은 -3^2과 $(-3)^2$입니다. $-3^2 = -(3 \times 3) = -9$이지만 $(-3)^2 = (-3) \times (-3) = 9$가 됩니다.

07 | 단리 계산과 복리 계산

공식

단리 계산 : (원금)×{1＋(이율)×(기간)}

복리 계산 : (원금)×{1＋(이율)}$^{(기간)}$

예제 원금 500만 원을 연이율 0.5%로 예금하면 원리합계(원금과 이자의 합계)는 얼마가 될까요?

① 단리로 2년 예금했을 때
② 복리로 2년 예금했을 때

이번에는 금리에 대한 이야기입니다. 금리에는 **단리**와 **복리**가 있습니다. 단리란 **원금에만 이자가 붙는** 계산방법, 복리란 **원금과 전에 붙었던 이자를 합한 금액에 대한 이자가 붙는** 계산방법입니다.

①의 경우에는 $500만 \times (1＋0.005 \times 2)＝5,050,000$(원), ②의 경우에는 $500만 \times (1＋0.005)^2＝5,050,125$(원)으로 **복리인 경우의 이자가 125원 더 많습니다.**

복리 계산은 전자계산기로도 가능합니다. 연이율이 0.5%인 경우, 3년 후의 이율을 계산하려면 $1.005\boxed{\times}\boxed{=}\boxed{=}$을 누릅니다. $1.005\boxed{\times}$ 다음에 맡긴 햇수에서 1을 뺀 만큼 $\boxed{=}$를 누르기만 하면 됩니다.

연이율이 0.5%인 경우에는 30년 동안 맡겨도 1.161밖에 되지 않습니다. 100만원을 예금하면 1,161,000원, 즉 이자는 161,000원입니다.

반대로 대출이나 융자의 경우는 어떨까요?

연이율 18%로 10만 원을 빌렸습니다. 단리의 경우에는 1년을 빌리면 갚아야 할 돈은 100,000(원)×1.18=118,000(원)입니다. 1년을 빌려도 이자가 18,000원. 그렇게 커다란 부담은 아닌 것처럼 생각됩니다. 그런데 복리의 경우 2년, 3년, 4년이 되면 갚아야 할 돈은 얼마나 될까요? 2년째는 139,240원, 3년째는 164,303원, 4년째는 193,877원으로 벌써 빌린 돈의 두 배 가까운 금액이 되었습니다!

이렇게 이자계산법을 알아 두면 반드시 여러분에게 큰 도움이 될 것입니다.

연습문제

이율이 1.0%인 예금에 500만 원을 맡겼을 때 원리의 합계는 어떻게 될까요?

① 단리로 10년간 맡겼을 때
② 복리로 10년간 맡겼을 때

08 | n진법

n진법은 n 단위로 자릿수가 올라간다.
10진법은 10단위로 올라가 십, 백, 천, 만, ……이 된다.

예제 다음 수를 2진법으로 나타내 봅시다.

① 5   ② 15

우리가 평소 사용하는 숫자는 **10진법**입니다. 그러나 시간은 **60진법**과 **12진법**을 함께 사용하고 있으며, 연필의 숫자를 세는 단위인 다스 등에도 **12진법**을 사용하고 있습니다.

한편 0과 1 두 개의 숫자로 모든 수를 나타내는 **2진법**이 컴퓨터에서 사용되고 있다는 사실은 전부터 잘 알고 계셨을 것입니다. 2진법으로 숫자를 나타내면 단위가 금방 커지기 때문에 우리가 일상생활에서 쓰기에는 부담스럽습니다.

여기서는 2진법으로 나타내는 방법과 활용 예를 소개하겠습니다.

오른쪽처럼 하여 **10진법**(10진법으로 나타낸 수)을 **2진법**(2진법으로 나타낸 수)으로 고칩니다. 나머지를 표시한 열에 있는 숫자를 밑에서부터 화살표 순서대

```
2 ) 5 … 1
2 ) 5 … 0
    1     ↗
```

로 써 나가면 이진수가 완성됩니다. 예제의 답은 ①은 101, ②는 1111입니다.

숫자를 구별하기 위해서 $5_{(10)} = 101_{(2)}$라고 표시하기도 합니다.

우리 주변에서 볼 수 있는 여러 상품에는 바코드라는 것이 붙어 있습니다. 바코드는 일곱 개로 나누어진 칸을 흑백 선의 굵기로 표시합니다. 흰색과 검은색 두 종류로 나타내기 때문에 2진수라고도 할 수 있습니다. 상품에는 13자리의 코드가 붙어 있는데 그중에서 오른쪽에 있는 여섯 자리의 숫자는 다음과 같이 나타냅니다.

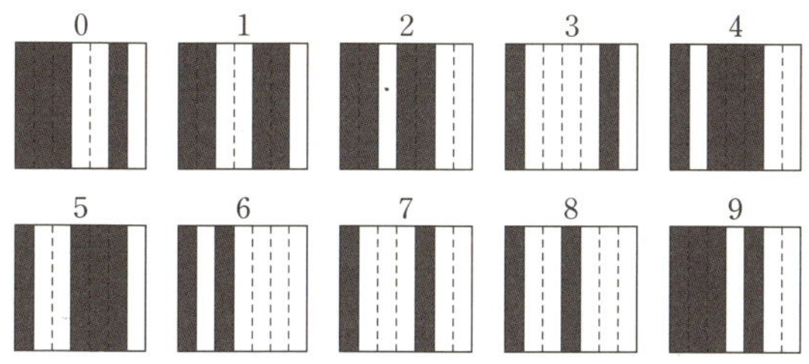

책에 붙어 있는 바코드는 이단 구성으로 다음과 같이 이루어져 있습니다(13자리 중 제일 마지막 한 자리는 체크디지트(체크 숫자)라고 합니다).

상단 : 국가 세 자리, ISBN(상품번호) 아홉 자리

하단 : 서적표시 세 자리, 분류 네 자리, 가격 다섯 자리

하단의 '분류'는 첫 번째 자리가 '판매대상', 두 번째 자리가 '발행형태', 마지막 두 자리가 자연과학 등의 '내용'을 나타냅니다.

$11111_{(2)}$를 10진법과 5진법으로 나타내 봅시다.

관계를 나타내는 식

공식

문자식을 적을 때의 규칙

$$a \times 3 = 3a, \; a \div 5 = \frac{a}{5}, \; 2 \times a \times a = 2a^2$$

주의 $1 \times a = a, \; (-1) \times a = -a$

예제 다음 수량을 나타내는 식을 적어 봅시다.

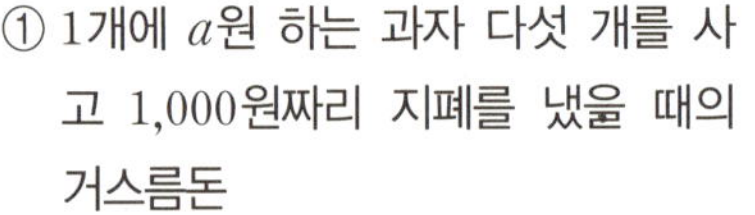

① 1개에 a원 하는 과자 다섯 개를 사고 1,000원짜리 지폐를 냈을 때의 거스름돈

② a개의 30% 매출이 늘었을 때의 개수

③ 정가 a원을 30% 할인했을 때의 가격

④ 가로 $x$cm, 세로 $y$cm인 직사각형 판의 둘레의 길이

⑤ 100의 자릿수가 a, 10의 자릿수가 b, 1의 자릿수가 c인 세 자리 숫자

수량을 문자로 나타내자 수학을 싫어하는 대부분의 사람들이 싫어하는 문제입니다. 문자를 문자라고 생각하기 때문에 '???'가 되어 버리는 것입니다. 문자도 숫자와 같은 것이라 생각하여 애정을 갖고 대하시기 바랍니다.

①은 '1개에 a원'이라고 되어 있기에 '???'가 되어 버리는 것이니

a 대신에 숫자를 대입시켜 보기로 합시다. 예를 들어서 1개에 100원이라고 한다면 거스름돈은 $1{,}000-(100\times5)=500$(원)입니다. 150원이라면 $1{,}000-(150\times5)=250$(원)입니다. 그렇다면 100원, 150원의 자리에 a원을 대입시켜 보기로 합시다. $[1000-(a\times5)]$(원)입니다. 이 이상은 계산해도 계산하지 않아도 상관없습니다. 여기서의 목적은 '**식을 만드는 것**'이니까요. 실제로 이 이상의 계산은 불가능합니다. 단 문자식을 적을 때는 규칙이 있어서 $a\times5$는 $5a$라고 표시해야 하기 때문에 정답은 $1000-5a$(원)입니다.

②에서는 30%라는 **비율**을 $30/100=3/10$이라는 숫자로 표시하는 것이 포인트입니다. $a\times(1+3/10)=a\times\dfrac{13}{10}=\dfrac{13}{10}a$(개)가 됩니다.

③은 30% 할인을 숫자로 어떻게 표시하는지를 생각해 보면 됩니다. 30%라는 것은 전체를 1로 봤을 때 0.3을 나타내는 것으로 30% 할인이란 전체의 $(1-0.3)=0.7$을 말합니다. $a\times0.7=0.7a$(원)이 됩니다.

④는 오른쪽 그림으로 생각해 보기로 합시다. 가로, 세로 모두 두 변씩 있기 때문에 $(x+y)\times2=2(x+y)$(cm)가 됩니다.

⑤ 역시 구체적인 숫자를 대입시켜 생각해 보기로 합시다. 예를 들어서 '524'라는 세 자리 숫자는 $100\times5+10\times2+4$라고 표시할 수 있습니다. 그렇다면 100의 자릿수가 a, 10의 자릿 수가 b, 1의 자릿수가 c인 숫자는 어떻게 될까요? $100\times a+10\times b+c=100a+10b+c$가 됩니다. 결코 '$abc$'가 아닙니다! abc는 $a\times b\times c$를 말하는 것으로 전혀 다른 숫자를 나타내는 것입니다.

10 | 몇 m 더 길까?

반지름을 r이라고 할 때, 원둘레의 길이 l은 $2\pi r$이다.

예제 반지름이 6,400km인 지구의 적도를 따라서 끈을 두른다고 합시다. 지표에서 1m 떨어진 곳을 따라 끈을 두르려면 몇 m가 더 필요할까요? 지구를 구라고 생각하고 계산해 보기로 합시다.

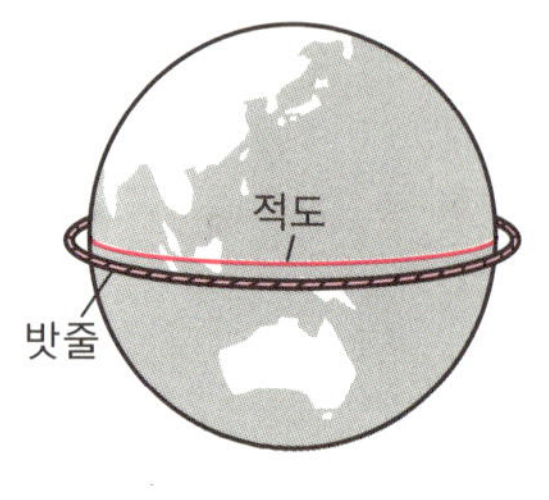

그림을 보면 "끈이 굉장히 많이 필요하겠다."는 생각이 드는데, 위의 그림은 지구의 반지름 6,400km와 지표에서 떨어진 길이 1m의 비율이 정확하지가 않습니다. 비율을 정확히 해서 그림을 그리기 위해, 지표에서 떨어진 거리 1m를 1cm라고 한다면 지구의 반지름인 6,400km는 64km가 됩니다. 한정된 공간에서는 정확한 비율로 축소된 그림을 그릴 수 없습니다.

그렇다면 계산해 보기로 합시다. 6,400km와 1m의 단위를 전부 'm'로 바꾸어 식을 세워 보면, **원둘레의 길이는 $2\times\pi\times$반지름**이기 때문에 $2\times\pi\times(6,400,000+1)-2\times\pi\times6,400,000$이 됩니다.

이 계산은 그리 쉬운 일이 아니니 문자를 사용한 식을 만들어 효율적으로 계산해 보기로 하겠습니다. 지구의 반지름을 rm라고 한다면,

$$2 \times \pi \times (r+1) - 2 \times \pi \times r = 2 \times \pi \times (r+1-r) = 2 \times \pi$$

$\pi = 3.14$라고 한다면 $2 \times 3.14 = 6.28(\text{m})$

겨우 6m하고 조금 더 필요할 뿐입니다! 의외로 짧다고 생각지 않으십니까?

그렇다면 다음 경우는 어떨까요?

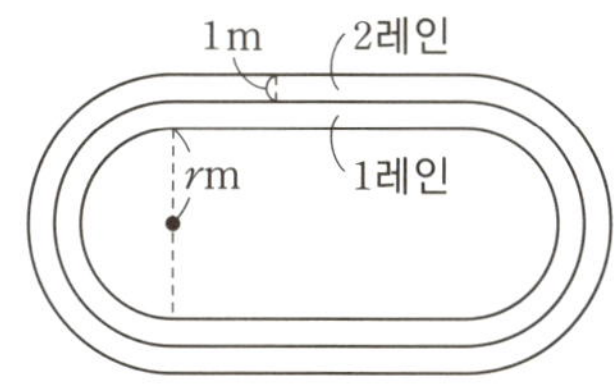

오른쪽 그림과 같은 트랙이 있습니다. 레인 안쪽을 한 바퀴 돌면 2레인에 있는 선수는 1레인에 있는 선수보다 얼마나 많은 거리를 달리게 될까요? 코스의 폭은 1m입니다.

이 경우 반원의 반지름을 rm라고 한다면 직선 부분은 길이가 같으니 무시하고, $2\pi(r+1) - 2\pi r = 2\pi$가 되기 때문에 **$2\pi$m**가 됩니다.

따라서 달리는 거리를 같은 거리로 하려면 **2πm** 조정하면 됩니다.

오른쪽 그림에서처럼 A지점에서 B지점까지 가는 데 가, 나, 다 세 가지 길이 있습니다. 가, 나, 다의 길이는 각각 얼마일까요?

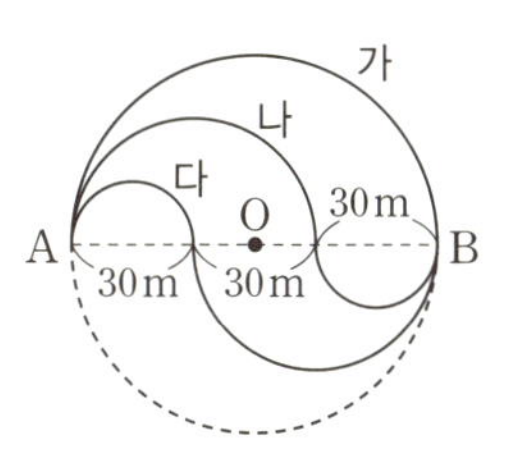

■ 교환법칙 $a+b=b+a$, $a \times b=b \times a$
결합법칙 $a+b+c=(a+b)+c=a+(b+c)$
$\qquad a \times b \times c=(a \times b) \times c=a \times (b \times c)$
분배법칙 $a \times (b+c)=a \times b+a \times c$

■ 7의 배수를 구분하는 법 ⇒ 7을 무시하고 생각한다.

■ 어떤 정수 n이 $a^p \times b^q \times c^r$이라고 표시될 때, 약수의 개수는 $(p+1)(q+1)(r+1)$개이다.

■ 1에서 n까지의 정수(자연수) 중에서 a의 배수의 개수는, $n \div a=p$(나머지 r)의 p이다.

■ 두 개 이상의 수량을 정리할 때,
$\qquad$ 몇 배 ⇒ 최소공배수, 몇 등분 ⇒ 최대공약수
를 이용한다.

■ ① 음수끼리는 절댓값이 작은 쪽이 크다.
② (음수) × (음수) = (양수)

■ 단리 계산 : (원금) × {1 + (이율) × (기간)}
복리 계산 : (원금) × {1 + (이율)}$^{(기간)}$

■ n진법은 n 단위로 자릿수가 올라간다.
10진법은 10단위로 올라가 십, 백, 천, 만, ……이 된다.

■ 문자식을 적을 때의 규칙
$a \times 3=3a$, $a \div 5=\dfrac{a}{5}$, $2 \times a \times a=2a^2$
주의 : $1 \times a=a$, $(-1) \times a=-a$

■ 반지름을 r이라고 할 때, 원둘레의 길이 l은 $2\pi r$이다.

우와~이런 방법이 있었구나!
수와 식의 원리를 이용하면 복잡해 보이는 계산 문제도 척척 풀수 있지.
그럼 여기서 잠깐 복습해 보도록 할까? 이건 어떤 숫자의 배수?
팡
6265
팡
팡
4!
이것은?
5432
3!
다 틀렸잖아!
딱
아약!
참 나, 이래가지고 어디 양들이의 마음을 얻을수 있겠어?
투덜.. 투덜.
수학공식 7일
한번 더 공부하면 되잖아요!
이번엔 완벽해! 자, 어서 질문을!
수학공식 7일
그렇지! 좋은 자세야! 그럼 이번엔 이 식을 3초만에 풀어봐!
4853214x9857526
+3274596x7682654321
-6587423594+325864123
x25871466+58436512
-72359466+54688=?
안 해!
아약!

$$A = B \text{라면, } A + C = B + C$$
$$A - C = B - C$$
$$A \times C = B \times C$$
$$A \div C = B \div C \text{ (C는 0이 아님)이다.}$$

예제 사과와 오렌지를 다섯 개씩 샀더니 1150원이었는데 사과 한 개의 값은 오렌지 한 개의 값보다 50원이 비싸다고 합니다. 사과와 오렌지 한 개씩의 값은 각각 얼마일까요?

초등학교에서는 사과와 오렌지 각 하나씩을 합한 것을 다음과 같은 그림으로 나타낸 다음 문제를 풀었습니다.

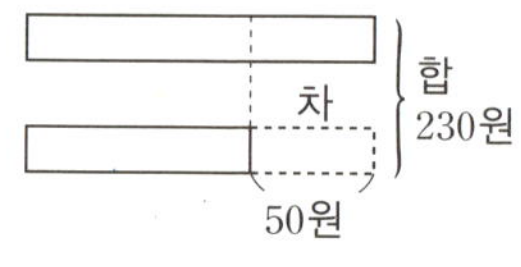

차의 부분인 50원을 메우면 사과 두 개의 값이 되기 때문에 사과 한 개의 값은,

$$(230 + 50) \div 2 = 280 \div 2 = 140(\text{원})\text{이 됩니다.}$$

이것을 수학에서는 방정식으로 풉니다.

우선 문자 x만을 사용한 **일차방적식**으로 식을 세워 봅시다. 사과 한 개의 값을 x원이라고 한다면 오렌지는 사과보다 50원 싸기 때문에 $(x-50)$원이라고 나타낼 수 있습니다. 다섯 개씩 합쳐서 1,150원이니 방정식은 $5x+5(x-50)=1,150$이 됩니다.

등식의 성질을 사용하여 계산하면 $5x+5x-250=1,150$, $10x=1,150+250$, $10x=1,400$, $x=140$(원)이 됩니다. x는 사과 한 개의 값이니 사과는 140원, 오렌지는 90원입니다.

x, y 두 개의 문자를 사용한 **연립방정식**으로 식을 세우기 위해 사과 한 개의 값은 x원, 오렌지 한 개의 값은 y원이라고 한다면,

$$\begin{cases} x+y=230 \\ x-y=50 \end{cases}$$

이 됩니다.

방정식을 사용하면 쉽게 풀 수 있지만, 문자를 사용하지 않고 그림을 사용해서 생각하는 편이 더 상상력을 자극하고 문제를 푼 뒤의 달성감도 크다고 생각하지 않으십니까?

연습문제

사과 두 개와 오렌지 세 개의 값은 550원이었고 사과 두 개와 오렌지 다섯 개의 값은 830원이었습니다. 한 개의 값은 각각 얼마씩일까요?

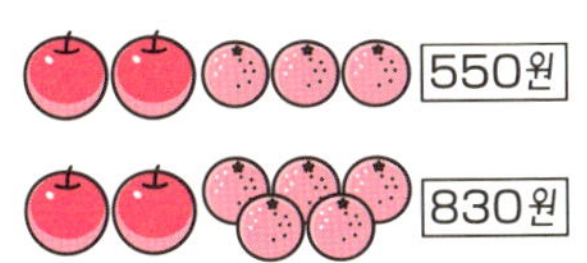

12 흐르는 물의 속도

멈춰 있는 물에서의 속도＝

(내려갈 때의 속도＋올라갈 때의 속도)÷2

흐르는 물의 속도＝

(내려갈 때의 속도－올라갈 때의 속도)÷2

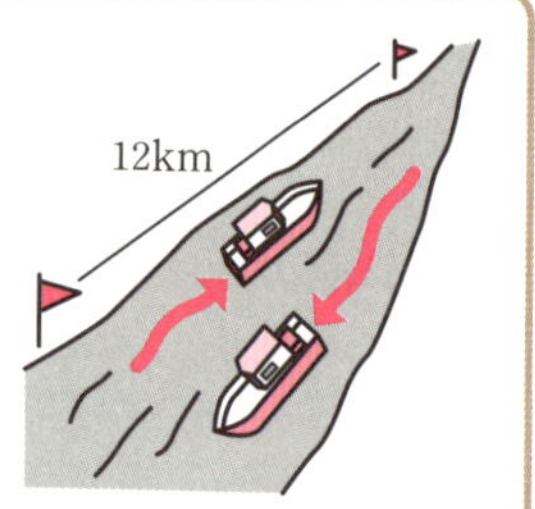

예제 강을 따라서 12km 떨어진 두 지점을 배로 왕복했습니다. 올라갈 때는 세 시간, 내려올 때는 두 시간 걸렸습니다. 강물의 속도는 시속 몇 km일까요?

강을 내려갈 때는, 내려가는 에스컬레이터를 걸어서 아래층으로 내려갈 때를 생각하면 됩니다. 계단으로 내려갈 때보다 빠른 것은 걷는 속도에 에스컬레이터의 속도가 더해지기 때문입니다. 반대로 **강을 올라갈 때는 내려가는 에스컬레이터를 걸어서 위층으로 올라**

갈 때를 생각하시면 됩니다. 계단으로 올라갈 때보다 느린 것은 에스컬레이터의 속도만큼 걸어가는 속도가 줄어들기 때문입니다. 단, 실제로는 내려가는 에스컬레이터를 타고 올라가서는 안 됩니다!

　예제로 돌아갑시다. 12km 떨어진 두 지점을 올라갈 때는 세 시간이 걸렸으니 (속도)＝(거리)÷(시간)이므로 12(km)÷3(시간)＝시속 4km의 속도였다는 사실을 알 수 있습니다. 마찬가지로 내려갈 때는 시속 6km입니다. 그림으로 그려 보면 오른쪽과 같이 됩니다.

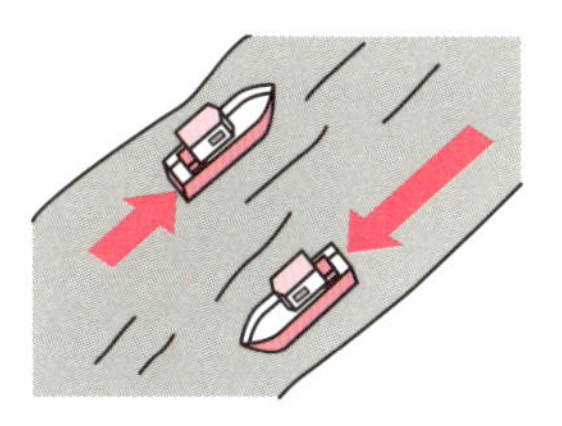

　멈춰 있는 물에서 배의 속도는, 강 흐름의 속도가 공통으로 증감되어 있기 때문에 **강을 올라갈 때의 속도와 내려갈 때의 속도의 평균**이 됩니다.

　다시 말해서 멈춰 있는 물에서의 배의 속도는 (6＋4)÷2＝시속 5km, 강물의 속도는 (6－4)÷2＝시속 1km가 됩니다.

연습문제

시속 12km인 배가 어느 강의 상류와 하류를 왕복했습니다. 올라갈 때의 시간이 내려갈 때의 시간보다 두 배가 더 걸렸다고 합니다.
이 강물의 속도를 구해 봅시다.

13 | 평균 속도

평균 속도＝전체 거리÷걸린 시간

예제
120km 떨어진 A, B 사이를 자동차로 왕복했습니다. 갈 때는 시속 60km, 돌아올 때는 시속 40km로 왕복했을 때, 평균 속도는 시속 몇 km일까요?

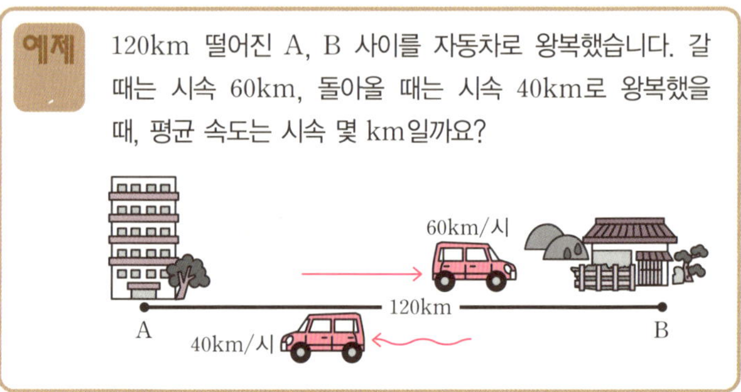

평균은 '합계÷개수'로 구합니다. "시험 점수가 수학 80점, 영어 90점이었다면 두 과목의 평균은 몇 점입니까?"라는 문제의 경우는 $(80＋90)÷2＝85$(점)이라고 계산하면 됩니다.

그렇다면 예제와 같은 평균 속도도 같은 방법으로 구하면 될까요? "갈 때가 시속 60km, 돌아올 때가 시속 40km였으니 $(60＋40)÷2＝50$, 답은 50km/시잖아."라고 생각하셨다면 오산입니다.

평균 속도는 **'전체 거리÷걸린 시간'**으로 구해야 합니다. 예제에서 '전체 거리'는 **왕복한 거리**, '걸린 시간'은 **왕복에 걸린 시간**입니다. 왕복거리는 $120(\text{km}) \times 2 = 240(\text{km})$라는 사실을 바로 알 수 있지만, 왕복에 걸린 시간은 갈 때와 올 때의 시간을 따로따로 계산해서 구해야 합니다.

시간은 '거리 $\div$ 속도'로 구할 수 있으니,

가는 데 걸린 시간 $120(\text{km}) \div 60(\text{km}/\text{시}) = 2(\text{시간})$
오는 데 걸린 시간 $120(\text{km}) \div 40(\text{km}/\text{시}) = 3(\text{시간})$

으로 왕복에 걸린 시간은 $2 + 3 = 5(\text{시간})$입니다.

따라서 예제의 평균 속도는 $\mathbf{240(km) \div 5(시간) = 48(km/시)}$입니다.

예제의 시속 60km, 시속 40km라는 것은 갈 때와 올 때의 평균 속도입니다. **"평균과 평균의 합을 2로 나누어도 전체의 평균이 되지는 않는다."**는 사실을 기억해 두시기 바랍니다.

연습문제

20km 떨어진 A, B 사이를 갈 때는 시속 4km, 올 때는 시속 5km로 왕복했습니다. 평균 속도는 시속 몇 km일까요?

14 시계산

시곗바늘

긴 바늘 : 한 시간에 $360°$ 회전하기 때문에 일 분에 $6°$ 회전

짧은 바늘 : 한 시간에 $360°$ 회전하기 때문에 일 분에 $\left(\dfrac{1}{2}\right)°$ 회전

3시에서 4시 사이에서 시곗 바늘이 겹치는 것은 몇 시 몇 분 몇 초일까요?

두 사람이 **반대 방향**으로 전진할 때는 **속도의 합**으로 얼마나 멀어졌는지를, 같은 방향으로 전진할 때는 **속도의 차**로 언제 따라잡을 수 있을지를 계산하는 종류의 문제입니다. 단 시계산은 긴 바늘과 짧은 바늘의 차이를 cm나 m와 같은 **길이**로 나타내지 않고 **각도**로 나타낸다는 점이 다릅니다.

3시일 때 긴 바늘과 짧은 바늘이 이루는 각도는 $90°$입니다. 이

90°를 긴 바늘이 짧은 바늘과 **같은 방향**으로 움직여서 몇 시 몇 분 몇 초에 따라잡는지를 계산해 보면 됩니다.

긴 바늘과 짧은 바늘이 이루는 각도 90°를 속도의 차이인 $\left(6-\dfrac{1}{2}\right)^{\circ}$로 나누면 값을 구할 수 있습니다.

$90 \div \left(6-\dfrac{1}{2}\right) = 90 \div \dfrac{11}{2} = \dfrac{180}{11} = 16\dfrac{4}{11}$ (분)이 됩니다. $\dfrac{4}{11}$분을 초로 바꿔야 합니다. $60 \times \dfrac{4}{11} = \dfrac{240}{11} = 21\dfrac{9}{11}$ (초)가 되기 때문에 정답은 3시 16분 $21\dfrac{9}{11}$초가 됩니다. 시계산의 경우는 값이 똑떨어지지 않는 경우가 많기 때문에 계산이 약간 복잡해집니다.

그리고 한 시간에 긴 바늘과 짧은 바늘이 겹치는 시각은 답이 하나밖에 없지만 "긴 바늘과 짧은 바늘이 90°가 되는 시각을 구하시오."와 같은 문제에는 답이 두 개 입니다. **90°가 될 때와 270°가 될 때**입니다. 주의하시기 바랍니다.

연습문제

4시에서 5시 사이에서 시곗 바늘이 90°가 되는 시각을 구해 봅시다.

15 통과산

열차가 터널을 통과하는 것은, 열차의 앞부분이 들어간 순간부터 열차의 뒷부분이 나오는 순간까지를 말한다.

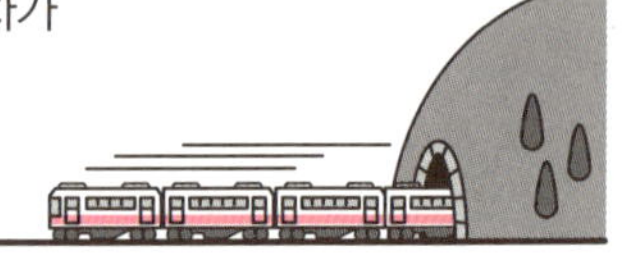

예제 시속 90km로 달리는 열차가 길이 740m인 터널을 통과하는 데 36초가 걸렸습니다. 열차의 길이는 몇 m일까요?

예제처럼 열차가 터널, 철교 등을 통과하거나 두 개의 열차가 스쳐 지나갈 때 열차의 길이나 터널·철교의 길이 등을 구하는 문제를 **통과산**이라고 합니다. 열차를 좋아하는 분들에게는 가슴 설레는 문제입니다.

예제는, 다음 그림에서처럼 열차의 길이와 터널의 길이를 합친 거리를 몇 초 만에 통과했는가를 생각하면 됩니다.

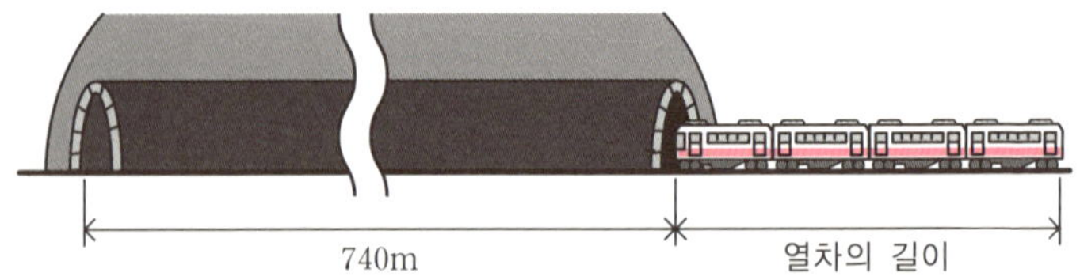

예제에서는 36초 만에 터널을 통과했으니 열차와 터널의 길이의 합은 (거리)＝(속도)×(시간)이므로 25(m/s)×36(s)＝900(m)입니다. 따라서 열차의 길이는 900－740＝160(m)가 됩니다. 여기서는 시속 90km를 초속 25m로 계산했습니다. 이처럼 속도 계산에서는 **단위를 통일하는 것이 중요**합니다. 예제에서는 터널의 길이를 'm', 통과하는 데 걸린 시간을 '초'로 표시했기 때문에 **열차의 속도 'km/시'를 'm/초'로 바꾸면 됩니다.** 시속 90km는 1시간에 90km를 가는 속도입니다. 한 시간은 60분이고 일 분은 60초이니, 한 시간은 **60×60＝3,600(초)**입니다. 그리고 90km＝90,000m이니 시속 90km를 일 초 동안에 몇 m 움직이는가를 나타내는 '초속'으로 고치려면 90,000(m)÷3,600(초)＝25(m/초)라고 계산하면 됩니다.

연습문제

길이 180m인 열차가 시속 72km로 달리고 있습니다.
길이 180m인 역은 몇 초 만에 통과할까요?

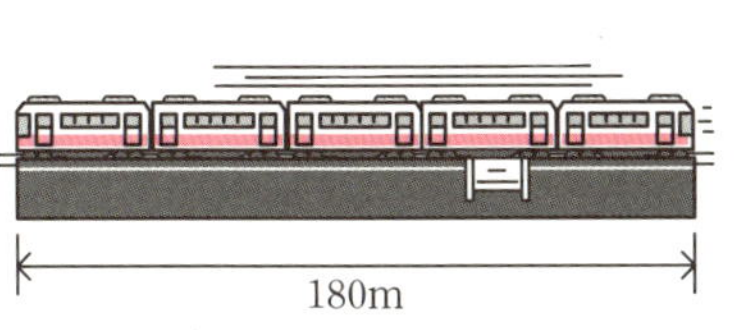

공식

남은 수는 더하고 부족했던 수는 빼면 전체의 양과 같아진다.

예제 아이들에게 과자를 나눠 주는 데 한 사람 앞에 세 개씩 나눠주면 여섯 개가 남고 다섯 개씩 나눠주면 여덟 개가 모자랍니다.
과자는 몇 개이고 아이들은 몇 명인지를 각각 구해 봅시다.

예제와 같은 **과부족산**은 **합과 차에 주목**해서 생각합니다.

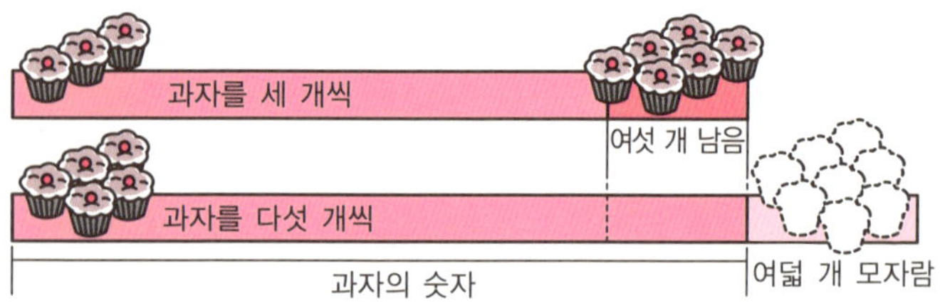

한 사람 앞에 세 개씩 나눠주면 여섯 개가 남고 한 사람 앞에 다섯 개씩 나눠주면 여덟 개가 모자란다는 것은, 나눠주는 과자의 숫

자를 한 사람 앞에 세 개에서 **두 개씩 늘리면** 여섯 개 남았던 과자가 여덟 개 모자라게 되는 것이니 **14개가 있어야만 한다는 사실**을 알 수 있습니다. 다시 말해서 한 사람에게 나눠주는 과자의 개수를 두 개 늘리려면 과자는 14개가 더 필요하게 되는 것이니 아이들이 $14 \div 2 = 7$(명)이라는 사실을 알 수 있습니다.

그렇다면 과자는 몇 개가 있는 걸까요? 일곱 명의 아이들에게 세 개씩 나눠주면 여섯 개가 남으니 $7 \times 3 + 6 = 27$(개)입니다. 일곱 명의 아이들에게 다섯 개씩 나눠주려면 $7 \times 5 = 35$(개)가 필요한데 27개밖에 없기 때문에 $35 - 27 = 8$(개)가 모자랍니다. 예제의 조건에 맞습니다.

이것을 방정식으로 풀면 다음과 같이 됩니다.

아이들의 수를 x명이라고 하면 과자의 수는 변하지 않기 때문에 $3x + 6 = 5x - 8$, $3x - 5x = -8 - 6$, $-2x = -14$, $x = 7$이 되기 때문에 아이들의 수인 일곱 명을 구할 수 있습니다.

방정식을 세울 때는 변하지 않는 양을 찾아서 $=$으로 연결하면 된다는 점에 주목하시기 바랍니다.

연습문제

도화지를 아이들에게 나눠 주는데 한 사람 앞에 10장씩 나눠 주면 30장이 모자라고 9장씩 나눠주면 4장이 남습니다. 도화지는 몇 장이고 아이들은 몇 명인지를 각각 구해 봅시다.

17 작업산

작업 전체의 양을 1(100%)로 본다.

예제 A는 20일, B는 30일 걸리는 작업을 둘이서 같이 하면 며칠 만에 끝낼 수 있을까요?

일을 하고 있는 사람에게는 친숙한 문제가 아닐까요? 같은 능력을 가진 두 사람이 함께 작업한다면 한 사람이 할 때의 절반의 시간만 있으면 작업을 끝낼 수 있습니다. 그러나 능력이 다른 두 사람이 함께 작업을 한다면 어떻게 될까요?

중요한 것은 **작업 전체의 양을 1로 봐야 한다**는 것입니다. **전체를 1이라고 봐야 한다**는 말을 이해하기 힘들다면 전체를 100%라고 생각해도 됩니다. **100%란 비율로 말하자면 1을 말하는 것이**니까요.

한편 전체의 작업을 1이라고 한다면 전체의 작업에 대해서 A와 B가 하루 동안에 한 작업량은 각각 A는 $\frac{1}{20}$, B는 $\frac{1}{30}$이 됩니다.

전체를 100%라고 생각한다면 A는 하루에 5%, B는 $\frac{10}{3}\left(3\frac{1}{3}\right)$%를 진행하는 셈입니다. 이 작업을 둘이서 하면 하루에 할 수 있는 작업량은 $\frac{1}{20}+\frac{1}{30}=\frac{3}{60}+\frac{2}{60}=\frac{5}{60}=\frac{1}{12}$이므로 전체의 $\frac{1}{12}$라는 사실을 알 수 있습니다. 전체를 100%라고 한다면 두 사람이서 하루에 $5+\frac{10}{3}=\frac{25}{3}=8\frac{1}{3}$ (%)를 진행할 수 있다는 사실을 알 수 있습니다.

전체의 양을 하루에 할 수 있는 양으로 나누면 날수를 구할 수 있습니다. 따라서 $1\div\frac{1}{12}=$ **12(일)**이 됩니다.

전체를 100%로 생각한 경우는 $100\div\frac{25}{3}=$ **12(일)**입니다.

A의 입장에서 보자면 "B, 좀 더 열심히 하라고!"라고 말하고 싶어지고, B의 입장에서 보자면 "A 덕분에 일찍 끝났다!"고 말하고 싶어질 겁니다.

그렇다면 다음 경우는 어떻게 생각합니까? A와 B의 작업 능력은 예제와 같다고 합시다.

"처음 A가 하고 있던 작업을 도중에 B에게 넘겼더니 A가 작업을 했을 때보다 10일이 더 많이 걸렸습니다. A가 작업한 날은 며칠일까요?"

이 경우도 하루의 작업량은 A가 $\frac{1}{20}$, B가 $\frac{1}{30}$이므로 A가 작업한 날수를 x일이라고 한다면

$\frac{1}{20}x+\frac{1}{30}(x+10)=1$, 따라서 $x=8$, 정답은 **8일**입니다.

$\boxed{18}$ 비의 이용

전체를 2:3으로 나눌 때는, $\dfrac{2}{5}x$와 $\dfrac{3}{5}x$나 $2n$과 $3n$ 으로 생각한다.

예제 육수와 간장, 맛술을 4:1:1의 비율로 섞어서 소스 300ml 를 만들어야 합니다. 각각 몇 ml씩 필요할까요?

요리책을 보면 '큰 술, 작은 술, ……' 등의 말이 나오는데 큰 술 은 15ml이고 작은 술은 5ml이니 큰 술이 없을 때는 작은 술로 세 번 넣으면 됩니다.

예제는 **전체의 양을 알고 있을 때 어떻게 나눠야 하는가** 하는 문 제입니다. 300ml를 4:1:1의 비율로 나누는 것이니, 예를 들어서 '육수'가 전체 1에 대해 차지하는 양을 계산해 보면 다음과 같이 됩니다.

$300 \times \dfrac{4}{4+1+1} = 200(\text{ml})$, 간장과 맛술은 각각 50ml입니다.

비에는 $\boldsymbol{a:b = a \times n : b \times n}$이라는 성질이 있습니다. $4:1=8:2=$ $12:3=$ …… 이라는 말입니다. $a:b$의 비를 분수 형식으로 나타낸 $\dfrac{b}{a}$를 **비의 값**이라고 합니다. $4:1=8:2=12:3=$ …… 에서 비의 값은 4로 전부 같습니다.

이외에도 비의 성질에는, $a:b=c:d$인 경우 $ad=bc$(외항의 곱 =내항의 곱)가 있습니다. 기억하고 계십니까?

이런 문제에서도 비가 사용됩니다.

"오늘 콘서트의 입장객 수는 1,380명으로 어제에 비해서 남성은 10% 감소, 여성은 10% 증가했습니다. 어제 남녀의 비가 4:3이었다면 오늘 입장한 남녀의 수는 각각 몇 명씩일까요?"

이 문제에서 어제 입장한 남녀의 수를 각각 $4n$, $3n$이라고 한다면 $4n\times(1-0.1)+3n\times(1+0.1)=1,380$이 됩니다. 이것을 풀면 $n=200$이 되기 때문에 **어제 남성**은 $4\times200=$**800(명)**, **어제 여성**은 $3\times200=$**600(명)**이 입장했다는 사실을 알 수 있습니다.

따라서 오늘 남성은 $800\times0.9=720$(명), 오늘 여성은 $600\times1.1=660$명이 됩니다. 합쳐서 1,380명, 문제의 조건에 맞습니다.

연습문제

오른쪽 그림처럼 둥그런 케이크를 5:4:3으로 자르면 중심각은 각각 몇 도가 될까요?

모두 학일 경우 다리가 몇 개일까를 생각한다.

> **예제** 학과 거북이를 모두 합치면 20마리, 다리의 숫자는 66개입니다. 학과 거북이는 각각 몇 마리씩일까요?

문장 형식의 문제 중 가장 대표적인 것이 바로 **학거북산**입니다. 실제로 학과 거북이가 함께 있을 기회는 거의 없을 것으로 생각되지만, 옛날부터 '학은 천 년, 거북이는 만 년'이라고 일컬어지는 등 학과 거북이는 함께 이야기되는 경우가 많습니다. 상서로운 짐승이라고 여겨지기 때문이겠지요.

학거북산은 연립방정식을 사용하면 간단하게 풀 수 있습니다. 학이 x마리, 거북이가 y마리 있다고 하고 학과 거북이의 합계 수와 다리의 합계 수로 두 개의 식을 만들면 됩니다.

$$\begin{cases} x+y=20 \\ 2x+4y=66 \end{cases}$$

을 풀면 $x=7$, $y=13$이 됩니다.

초등학교에서는 어떻게 계산했었죠? 학과 거북이가 합쳐서 20마리나 있는 상황도 이상한 상황인데, **전부 학이라고 생각**을 해서 계산을 했었죠? **모든 학이라고 한다면 다리는 몇 개가 되는가** 하는 것을 생각했습니다. 학의 다리는 두 개이기 때문에 학이 20마리면 다리의 총수는 20×2＝40(개)가 됩니다. 그러나 실제로 다리의 총수는 66개입니다. 이는 다리가 네 개인 거북이가 있기 때문입니다. **학 한 마리 대신 거북이가 한 마리 있다고 한다면 다리의 숫자는 두 개가 늘어납니다.** 따라서 66−40＝26(개) 늘리면 되기 때문에 학 대신에 26÷2＝13(마리)의 거북이가 있으면 됩니다. 학은 20−13＝7(마리)입니다. **수준 높은 가정법**입니다. 이와 같은 발상법은 두뇌 회전에도 도움이 됩니다.

물론 학과 거북이만이 학거북산은 아닙니다. 다음과 같은 문제도 학거북산입니다.

"사과와 귤을 합해 20개 샀습니다. 사과는 한 개에 110원, 귤은 한 개에 70원으로 값은 모두 1,880원을 치렀습니다. 각각 몇 개씩 샀을까요?"(답 : 사과 12개, 귤 8개)

개수의 합계와 총액이 주어져 있을 때 가격이 서로 다른 물건을 얼만큼 샀는가를 구하는 문제인데 이것도 학거북산 중 하나입니다.

연습문제

사과와 귤을 합쳐서 10개를 샀습니다. 사과는 한 개에 120원, 귤은 한 개에 80원이고 금액은 총 1,040원을 치렀습니다. 각각 몇 개씩 샀을까요?

20 식염수의 농도

$$농도(\%) = \frac{소금의\ 양(g)}{식염수의\ 양(g)} \times 100$$

예제 10%의 식염수 500g이 있습니다. 다음의 각 방법대로 농도를 바꿨습니다. 소금의 양, 증발된 물의 양, 더한 물의 양을 각각 구해 봅시다.

① 소금을 더 넣어 25%의 식염수로 만들었다.
② 물을 증발시켜서 25%의 식염수로 만들었다.
③ 물을 더해서 5%의 식염수로 만들었다.

식염수의 농도에 관한 문제를 싫어하는 분들도 상당히 많은 줄로 압니다. 물에 녹아 눈에 보이지 않는 소금에 대해서 생각해야 하기 때문일까요? 그렇다고 포기하지 말고 한층 성장한 여러분의 머리로 다시 한 번 생각해 보시기 바랍니다.

소금물의 농도에 관한 문제는 합금 등의 문제와 함께 **혼합산**이라고 불립니다.

포인트는 **소금의 양과 식염수의 양, 두 가지의 양에 주목해야 한다**는 점입니다. **(식염수의 양)＝(물의 양)＋(소금의 양)**입니다. 지금부터 '양'이라는 말은 생략하기로 하겠습니다. 예제에서 10%

의 식염수가 500g이라고 했으니 식염수 속의 소금은 10%＝0.1이므로 500×0.1＝50(g), 물은 500−50＝450(g)입니다.

①은 소금을 xg 더하는 것이라고 하면 소금은 $(50+x)$g, 소금물은 $(500+x)$g이 됩니다. 소금이 식염수의 25%가 되는 것이니

$$\frac{50+x}{500+x} \times 100 = 25$$

라는 식이 성립합니다.

$100(50+x)=25(500+x)$, $5{,}000+100x=12{,}500+25x$,

$100x-25x=12{,}500-5{,}000$, $75x=7{,}500$, $x=100$

정답은 100g입니다.

②는 증발한 물을 yg이라고 한다면 소금은 50g으로 변하지 않고 식염수는 $(500-y)$g이 됩니다. 소금이 식염수의 25%가 되기 때문에 $\dfrac{50}{500-y} \times 100 = 25$라는 식이 성립합니다.

$50 \times 100 = 25(500-y)$, $5{,}000 = 12{,}500 - 25y$,

$25y = 7{,}500$, $y = 300$으로 정답은 300g입니다.

③은 물을 zg 더한다고 하면, 소금은 50g으로 변하지 않고 식염수는 $(500+z)$g이 됩니다. 소금이 식염수의 5%가 되는 것이니 $\dfrac{50}{500+z} \times 100 = 5$라는 식이 성립합니다.

$50 \times 100 = 5(500+z)$, $5{,}000 = 2{,}500 + 5z$,

$-5z = -2{,}500$, $z = 500$, 정답은 500g입니다.

연습문제

5%의 식염수 100g에 100%의 식염수 50g을 섞으면 몇 %의 식염수가 될까요?

A=B라면, A+C=B+C
$\qquad$ A−C=B−C
$\qquad$ A×C=B×C
$\qquad$ A÷C=B÷C (C는 0이 아님)이다.

멈춰 있는 물에서의 속도
＝(내려갈 때의 속도＋올라갈 때의 속도)÷2
흐르는 물의 속도＝(내려갈 때의 속도−올라갈 때의 속도)÷2

평균 속도＝전체 거리÷걸린 시간

시곗 바늘
긴 바늘 : 한 시간에 360° 회전하기 때문에 일 분에 6° 회전
짧은 바늘 : 한 시간에 30° 회전하기 때문에 일 분에 $\left(\dfrac{1}{2}\right)^{\circ}$ 회전

열차가 터널을 통과하는 것은, 열차의 앞부분이 들어간 순간부터 열차의 뒷부분이 나오는 순간까지를 말한다.

남은 수는 더하고 부족했던 수는 빼면 전체의 양과 같아진다.

작업 전체의 양을 1(100%)로 본다.

전체를 2:3으로 나눌 때는, $\dfrac{2}{5}x$와 $\dfrac{3}{5}x$나 $2n$과 $3n$으로 생각한다.

[학거북산] 모든 학일 경우 다리가 몇 개일까를 생각한다.

농도(%)＝$\dfrac{\text{소금의 양(g)}}{\text{식염수의 양(g)}} \times 100$

수학 문제 한 권을 푸는데 양돌이는 4일
양순이는 10일이 걸립니다.
하지만 양돌이와 같이 풀면 사랑의 힘으로 3일 만에 끝낼수 있을거야!
하지만 두 사람의 수학 점수는……
부시럭..
아악~ 하지마~!
여기까지 배워 온 공식들을 이용하면 수학이 한결 쉬워졌을거야.
네…….
자, 다음은 연립 방정식이다! 정신 바짝 차리고 따라오라구!
아자!

21 연립방정식의 계산 — 가감법

공식

한 가지 문자의 계수를 정리하여 식을 더하거나(＋) 빼기(－)로 만들어서 그 문자를 지운다.

예제 사과 두 개와 복숭아 세 개의 값은 총 650원이고 사과 두 개와 복숭아 다섯 개의 값은 총 950원이었습니다. 사과와 복숭아의 값은 각각 얼마일까요?

그림을 그려 보기로 합시다.

위, 아래의 그림을 비교해 보면 아래 그림이 복숭아가 두 개

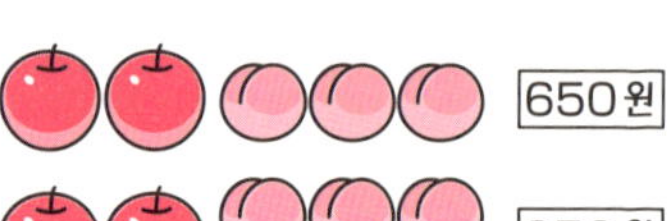

많고 값의 차이가 300원이니 복숭아 두 개의 가격은 300원입니다. 여기서 복숭아 한 개의 값이 150원이라는 것을 알 수 있습니다.

그럼 여기서 연립방정식을 푸는 법을 복습해 봅시다. 예제에서 사과와 복숭아의 값을 각각 x원, y원이라고 한다면 $2x+3y=650$(①), $2x+5y=950$(②)라는 두 개의 식을 만들 수 있습니다. ②－①을 하면 $2y=300$, $y=150$이라는 답을 얻을 수 있습니다.

이처럼 두 개의 식을 더하거나 빼서 연립방정식을 푸는 방법을 가감법이라고 합니다.

21

예제에서는 x의 계수가 ①, ② 모두 2였기 때문에 그대로 뺄셈을 하면 x를 지울 수 있었습니다. 그렇다면 다음과 같은 경우에는 어떻게 하면 될까요?

"사과 두 개와 복숭아 세 개의 값의 합계는 650원이고 사과 세 개와 복숭아 여섯 개의 값의 합계는 1,200원이었습니다. 사과와 복숭아의 값은 각각 얼마일까요?"

사과, 복숭아의 값을 각각 x원, y원이라고 한다면, $2x+3y=650$(①), $3x+6y=1,200$(②)라는 식을 만들 수 있습니다. 이대로는 x, y 어느 쪽의 문자도 지울 수 없습니다. 따라서 **x, y 어느 한쪽 문자에 초점을 맞춰 어떻게 해서든 문자를 지우도록 해 봅시다.** x를 지우고 싶은 경우, ①의 식에 3을 곱하고 ②의 식에 2를 곱하면 $6x+9y=1950$(③), $6x+12y=2400$(④)가 됩니다. 이렇게 한 다음 ④−③을 하면 $3y=450$, $y=150$이 됩니다.

그리고 x는, $y=150$을 ①에 대입하면 $2x+3\times150=650$, $2x+450=650$, $2x=200$, $x=100$이 됩니다.

연습문제

다음 연립방정식을 가감법으로 풀어 봅시다.

① $\begin{cases} 3x-2y=10 \\ 5x+2y=22 \end{cases}$
② $\begin{cases} 0.2x-0.3y=-0.5 \\ 0.02x-0.05y=0.03 \end{cases}$

22 삼원일차연립방정식

연립방정식은 문자(미지수)를 지워 나간다.

예제 A, B, C 세 종류의 물건을 살 때, A를 세 개, B와 C를 한 개씩 사면 850원, A를 한 개, B를 세 개, C를 한 개 사면 750원, A와 B를 한 개씩, C를 세 개 사면 650원이 됩니다. 가격은 각각 얼마일까요?

지금까지는 미지수(알 수 없는 수, 문자)가 x와 y 두 개였습니다. 그런데 예제에서는 A, B, C의 가격이 전부 **미지수**입니다. **미지수**가 세 개여도 답을 구할 수 있을까요?

A, B, C 각각의 값을 x원, y원, z원이라고 하고 방정식을 만들어 보겠습니다.

$$\begin{cases} 3x+y=z=850 \cdots ① \\ x+3y+z=750 \cdots ② \\ x+y+3z=650 \cdots ③ \end{cases}$$

이것을 삼원일차연립방정식이라고 합니다. **미지수가 세 개, 식이 세 개입니다.** 일반적으로 **미지수의 숫자와 같은 숫자만큼의 방정**

22

식이 있으면 그 방정식은 풀 수 있습니다. 연립방정식을 푸는 기본 방법은 미지수의 개수를 줄이는 것입니다.

우선 z를 지워 봅시다.

①−②를 하면 $2x-2y=10$(④)가 됩니다. 그리고 ②×3−③을 하면 $2x+8y=1{,}600$(⑤)가 됩니다.

이 새로 만들어진 ④와 ⑤를 연립방정식으로 풀면 x, y를 구할 수 있습니다. ⑤−④를 하면 $10y=1{,}500$, $y=150$이 되므로 $y=150$을 ④에 대입하면 $2x-2\times150=100$, $2x-300=100$, $2x=400$, $x=200$이 됩니다. $x=200$, $y=150$이니 ①에 대입하면 $3\times200+150+z=850$이므로 $750+z=850$, $z=100$이 됩니다. **처음 지웠던 문자인 z의 값은 가장 나중에 얻을 수 있습니다.**

이렇게 해서 답을 얻었으니 식을 다시 한 번 바라보시기 바랍니다. ①+②+③을 계산하면 $5x+5y+5z=2{,}250$이 되는데 이 식의 양변을 5로 나누면 $x+y+z=450$(⑥)이 됩니다. 여기서 ①−⑥을 하면 $2x=400$, $x=200$, **단번에 x의 값을 구할 수 있습니다.** 마찬가지로 ②−⑥으로 y를, ③−⑥으로 z를 구할 수 있습니다.

연습문제

다음의 연립방정식을 풀어 봅시다.

① $\begin{cases} x+y-z=1 \\ x-y+z=3 \\ -x+y+z=5 \end{cases}$ ② $\begin{cases} x+y=6 \\ y+z=7 \\ z+x=9 \end{cases}$

23 식의 전개

$$\mathrm{I}.\ (x+y)^2=x^2+2xy+y^2$$

$$\mathrm{II}.\ (x+y)(x-y)=x^2-y^2$$

$$\mathrm{III}.\ (x+a)(x+b)=x^2+(a+b)x+ab$$

예제 다음 식을 전개해 봅시다.

① $(x+3)^2$

② $(x+3)(x-3)$

③ $(x+3)(x+4)$

①~③은 푸는 공식을 생각하지 않아도 분배법칙을 사용하여 다음과 같이 계산할 수 있습니다.

① $(x+3)^2=(x+3)(x+3)=x^2+3x+3x+9=x^2+6x+9$

② $(x+3)(x-3)=x^2-3x+3x-9=x^2-9$

③ $(x+3)(x+4)=x^2+4x+3x+12=x^2+7x+12$

그러나 다음 단원에서 다룰 **인수분해**를 행하기 위해서는 식의 전개공식을 외워 둘 필요가 있으니 Ⅰ~Ⅲ의 공식은 반드시 외워 두기 바랍니다.

Ⅰ은 $(x+3)^2$의 x를 앞 항, $+3$을 뒤 항이라고 한다면 **앞 항의 제곱+앞 항×뒤 항×2+뒤 항의 제곱**이 됩니다.

Ⅱ는 곱해지는 두 개의 식이 **더하기와 빼기의 곱**이어야 한다는 조건입니다. 따라서 더하기와 빼기를 해서 곱한 것은 각항의 제곱의 차가 됩니다.

Ⅲ은 가장 기본이 되는 전개공식으로 Ⅰ과 Ⅱ도 이것을 응용한 것입니다. 곱해지는 두 개의 식의 앞 항이 같다는 것이 조건으로 ③에서는 $(x+3)(x+4)$의 x가 같기 때문에 Ⅲ의 공식을 사용할 수 있습니다. 공식은 **앞 항의 제곱+뒤 항의 합×앞 항+뒤 항의 곱**이 됩니다. 다시 말해서 $x^2+(3+4)x+3×4=x^2+7x+12$가 되는 것입니다.

Ⅰ~Ⅲ의 전개공식은 중학교에서 배우는 내용입니다. 고등학교에 올라가면 식은 더욱 늘어나지만 여기서는 우선 이 세 가지 공식을 잘 외워 두기 바랍니다.

연습문제

다음 식을 전개해 봅시다.

① $(x-4)^2$ 　　　② $(x-y)(x-2y)$
③ $(x-5)(x+3)$ 　　④ $(x+5)(x-5)$

24 인수분해

$$\boxed{1}\ mx+my=m(x+y)$$

$$\boxed{2}\ \text{I.}\ x^2+2xy+y^2=(x+y)^2$$

$$\text{II.}\ x^2-y^2=(x+y)(x-y)$$

$$\text{III.}\ x^2+(a+b)x+ab=(x+a)(x+b)$$

다음 식을 인수분해 해 봅시다.

① $2x-4y$ ② $x^2+10x+25$

③ x^2-49 ④ $x^2+3x-10$

이제는 인수분해입니다. 인수분해를 어려워하는 사람들도 많습니다. 인수분해를 한다는 것은 대체 무슨 의미일까요? 인수분해란 **원래의 식을 몇 개의 곱셈식으로 나타내는 것**으로, 인수분해 한 후 곱하는 각각의 식을 **인수**라고 합니다. 쉽게 말하자면 **곱하기의 식으로 만드는 것**입니다. 여기저기 흩어져 있는 항을 깨끗하게 정리하는 것이니 깔끔한 것을 좋아하는 사람이라면 풀지 못할 리가 없습니다.

인수분해의 기본은 **공통인수로 묶는 것**입니다. $\boxed{1}$의 작업부터 보겠습니다. ① $2x-4y$에서 두 개의 항 $2x$와 $-4y$는 각각 $2\times x$, $-2\times 2\times y$로 분해할 수 있습니다. 이 경우 2가 공통인수이기 때문에 $2x-4y=2(x-2y)$가 됩니다. 2와 $x-2y$를 곱하는 식이 만들어졌습니다. 이것이 인수분해입니다. 어떻습니까? 시원하지 않습니까?

다음은 **공통인수가 없는 경우**입니다. 이때는 앞 단원 '식의 전개'에서 외운 전개공식을 반대로 사용합니다.

②에 Ⅰ의 공식을 적용하면 $x^2+10x+25=(x+5)^2$이 됩니다. 이해하시겠습니까? Ⅰ의 공식을 사용할 수 있는 것은 세 개의 항 중 두 개가 '무엇인가'의 제곱이 되며, 다른 한 개의 항이 '무엇인가'를 곱한 것의 두 배가 되는 경우입니다.

x^2, 25는 각각 x, 5의 제곱이고, $+10x$는 $2 \times x \times 5$입니다. 따라서 Ⅰ의 공식을 사용할 수 있습니다.

③에 Ⅱ의 공식을 적용하면 $x^2-49=(x+7)(x-7)$이 됩니다. Ⅱ의 공식을 적용할 수 있는 것은 제곱의 차가 될 때입니다.

④에 Ⅲ의 공식을 적용하면 $x^2+3x-10=(x+5)(x-2)$가 됩니다. $x^2+3x-10$의 경우 **곱하면 -10, 더하면 $+3$이 되는 두 개의 수**를 찾아내면 Ⅲ의 공식을 사용할 수 있습니다. 곱하면 -10, 더하면 $+3$이 되는 수는 **$+5$와 -2**입니다. 따라서 $x^2+3x-10=(x+5)(x-2)$가 됩니다.

연습문제

다음 식을 인수분해합시다.

① x^2-81 ② $x^2-12x+36$
③ $x^2+6x-27$ ④ $2x^2-32$

25 | 전개공식 · 인수분해의 이용

전개공식이나 인수분해는 수의 계산에도 이용할 수 있다.

I. $(a+b)^2=a^2+2ab+b^2$

II. $(a+b)(a-b)=a^2-b^2$

III. $a^2-b^2=(a+b)(a-b)$

예제 다음 계산을 해 봅시다.

① 102^2 ② 102×98

③ $1{,}002^2 - 1{,}002 \times 998$ ④ $7.5^2 - 3.5^2$

전개공식이나 **인수분해**를 실제 계산에 이용해 봅시다. 전자계산기를 사용하지 않고도 간단하게 암산으로 계산할 수 있습니다.

우선 ①은, $102^2=(100+2)^2$이라고 생각하고 I 의 $(a+b)^2=a^2+2ab+b^2$를 사용합니다.

$$102^2=(100+2)^2$$
$$=100^2+2\times100\times2+2^2$$
$$=10{,}000+400+4$$
$$=10{,}404$$

②는 $102\times98=(100+2)(100-2)$라고 생각하고 II 의 $(a+b)$

$(a-b)=a^2-b^2$를 사용합니다.

$$102 \times 98 = (100+2)(100-2)$$
$$= 100^2 - 2^2$$
$$= 10,000 - 4$$
$$= 9,996$$

③은 1,002로 묶어 봅시다.

$$1,002^2 - 1,002 \times 998$$
$$= 1,002 \times (1,002 - 998)$$
$$= 1,002 \times 4$$
$$= 4,008$$

④는 제곱의 차이니 Ⅲ의 공식을 사용할 수 있습니다.

$$7.5^2 - 3.5^2$$
$$= (7.5 + 3.5)(7.5 - 3.5)$$
$$= 11 \times 4$$
$$= 44$$

이처럼 여러 가지로 생각을 해서 계산하면 발상력을 키울 수 있습니다.

연습문제

다음 계산을 해봅시다.

① 103×97 ② $65^2 - 35^2$

26 제곱근의 계산

$$\sqrt{a} \times \sqrt{b} = \sqrt{ab}, \quad \frac{\sqrt{a}}{\sqrt{b}} = \sqrt{\frac{a}{b}},$$

$$a\sqrt{c} + b\sqrt{c} = (a+b)\sqrt{c} \quad (a>0,\ b>0,\ c>0)$$

예제 다음 계산을 해 봅시다.

① $\sqrt{3} \times \sqrt{5}$ ② $\sqrt{18} \div \sqrt{6}$

③ $2\sqrt{3} + 3\sqrt{3}$

어떤 수 x를 제곱하여 a가 되었을 때, 즉 $x^2 = a$일 때, x를 a의 제곱근이라고 합니다. "x니 a니 하는 문자로 말하면 이해가 안 된다!" 이런 소리가 들려오는 듯하니 구체적인 숫자로 설명하겠습니다. 3을 제곱하면 9가 됩니다. 이때 3을 9의 제곱근이라고 하는 것입니다. 그렇다면 질문. 9의 제곱근은 몇일까요? "답은 3."이 아닙니다. **어떤 수의 제곱근은 음수와 양수 두 개가 있습니다.** 기억해 두시기 바랍니다.

그렇다면 제곱근의 계산입니다. ①이나 ②와 같은 곱하기, 나누기는 루트 속의 숫자를 곱하거나 나눌 수 있습니다.

26

① $\sqrt{3} \times \sqrt{5} = \sqrt{3 \times 5} = \sqrt{15}$

② $\sqrt{18} \div \sqrt{6} = \sqrt{18 \div 6} = \sqrt{3}$

그렇다면 ③과 같은 더하기는 어떻게 될까요?

가장 틀리기 쉬운 것은 $2\sqrt{3} + 3\sqrt{3} = 5\sqrt{6}$이라고 하는 경우입니다. 루트 속의 숫자까지 더해 버렸습니다. 미안하지만 이것은 잘못된 계산입니다. 루트의 덧셈·뺄셈에서는 루트 속의 숫자를 더하거나 빼서는 안 됩니다. **루트의 덧셈과 뺄셈은 문자식의 덧셈·뺄셈과 같은 것**이라고 생각하십시오. $2\sqrt{3} + 3\sqrt{3}$의 $\sqrt{3}$을 x라고 생각한다면 $2x + 3x$라는 식이 됩니다. $2x + 3x = 5x$가 됩니다. 따라서 $\sqrt{2} + \sqrt{3} = \sqrt{5}$라고 계산해서는 안 됩니다. $\sqrt{2} + \sqrt{3}$은 더 이상 계산할 수 없습니다.

연습문제

다음 계산을 해 봅시다.

① $\sqrt{18} \times \sqrt{2}$ ② $\sqrt{50} \div \sqrt{2}$

③ $3\sqrt{5} - 5\sqrt{5}$ ④ $2\sqrt{3} + \sqrt{2} - 4\sqrt{3} + \sqrt{2}$

27 | 분모의 유리화

$$\frac{a}{\sqrt{b}} = \frac{a\sqrt{b}}{b}$$

$$\frac{1}{\sqrt{a}+\sqrt{b}} = \frac{\sqrt{a}-\sqrt{b}}{(\sqrt{a}+\sqrt{b})(\sqrt{a}-\sqrt{b})} = \frac{\sqrt{a}-\sqrt{b}}{a-b}$$

$$(a>0,\ b>0)$$

예제　다음 수를 분모에 근호가 없는 형태로 바꿔 보십시오.

① $\dfrac{3\sqrt{2}}{\sqrt{24}}$　　　　② $\dfrac{\sqrt{5}-\sqrt{3}}{\sqrt{5}+\sqrt{3}}$

　　처음 공식은 **분수의 분모·분자에 같은 수를 곱해도 크기는 변하지 않는다**는 성질을 이용하여 아래처럼 **분모에 근호가 없는 형태로 바꿀 수 있습니다.**

　　이것을 **분모를 유리화한다**고 말합니다.

　　예제 ①은 다음과 같이 계산하여 **분모를 유리화**합니다.

$$\frac{a}{\sqrt{b}} = \frac{a\times\sqrt{b}}{\sqrt{b}\times\sqrt{b}}$$
$$= \frac{a\sqrt{b}}{b}$$

$$\frac{3\sqrt{2}}{\sqrt{24}} = \frac{3\sqrt{2}}{2\sqrt{6}} = \frac{3\sqrt{2}\times\sqrt{6}}{2\sqrt{6}\times\sqrt{6}} = \frac{3\sqrt{12}}{12} = \frac{3\times2\sqrt{3}}{12} = \frac{\sqrt{3}}{2}$$

　　두 번째 공식이나 예제 ②는 제곱법의 전개공식 중 '**합과 차의**

27

곱'을 이용한 것입니다.

$$\frac{(\sqrt{5}-\sqrt{3})^2}{(\sqrt{5}+\sqrt{3})(\sqrt{5}-\sqrt{3})}=\frac{(\sqrt{5})^2-2\times\sqrt{5}\times\sqrt{3}+(\sqrt{3})^2}{(\sqrt{5})^2-(\sqrt{3})^2}$$

$$=\frac{5-2\sqrt{15}+3}{5-3}=\frac{8-2\sqrt{15}}{2}=4-\sqrt{15}$$

분모에서 근호가 깨끗이 사라졌습니다.

제곱근을 이용하여 다음 문제를 생각해 봅시다.

① $x=\sqrt{2}+1$일 때, x^2+x+1의 값

$x=\sqrt{2}+1$을 바꿔서 $x-1=\sqrt{2}$라고 하고 양변을 제곱하면 $x^2-2x+1=2$입니다.

$x^2+x+1=x^2-2x+1+3x=2+3x$라고 바꾼 다음 대입하면 계산이 약간 편해집니다. (정답 : $3\sqrt{2}+5$)

② $x=\sqrt{3}+1,\ y=\sqrt{3}-1$일 때 x^2-xy+y^2의 값

$x^2-xy+y^2=(x+y)^2-3xy$로 $x+y$와 xy를 구해서 대입하면 이것도 역시 약간 편해집니다. (정답 : 6)

제곱근을 사용한 계산 문제는 이처럼 약간 생각해 보면 풀 수 있는 문제들이 많으니 문제에 따라서 잘 대처하도록 합니다.

연습문제

(1) 다음 수를 분모에 근호가 없는 형태로 바꿔 보십시오.

① $\dfrac{\sqrt{3}}{\sqrt{5}}$　　　　　　　② $\dfrac{4}{\sqrt{3}-1}$

(2) $x=\sqrt{2}-1$일 때, x^2+2x의 값을 구해 보십시오.

28 순환소수

$$\frac{1}{3} = 0.333\cdots\cdots = 0.\dot{3}$$

$$\frac{1}{7} = 0.1428571428571\cdots\cdots = 0.\dot{1}4285\dot{7}$$

예제 다음 분수를 소수로 나타내 봅시다.

① $\dfrac{1}{9}$　　　　　　② $\dfrac{3}{11}$

분수를 소수로 나타내려면 분자÷분모를 계산하면 됩니다. 그런데 이때 $\dfrac{1}{8}=0.125$나 $\dfrac{3}{4}=0.75$와 같이 딱 떨어지면 좋겠지만 $\dfrac{1}{3}=$ 0.333……처럼 딱 떨어지지 않는 경우에는 소수로 표시할 수가 없습니다. 이처럼 소수에는 0.125나 0.14처럼 유한한 '**유한소수**'와 위의 공식의 숫자처럼 무한히 계속되는 '**무한소수**'가 있습니다.

그리고 무한소수 중에는 위 공식의 숫자처럼 같은 숫자가 되풀이 되는 소수('순환소수'라고 합니다)와 $\sqrt{2}$나 π(원주율)처럼 순환하지 않는 소수(무리수)가 있습니다.

'유한소수'는 오른쪽처럼 분모 를 2와 5의 거듭제곱으로 나타낼 수 있는데, 그렇다면 '순환소수'

$$0.125 = \frac{1}{8} = \frac{1}{2^3}$$

$$0.14 = \frac{14}{100} = \frac{7}{50} = \frac{7}{2 \times 5^2}$$

28

는 분수로 어떻게 나타낼 수 있을까요?

예제 ①은 $0.\dot{1}$, ②는 $0.\dot{2}\dot{7}$인데 숫자 위의 ‘·’에 따라서 다음과 같은 형식(몇 배인가)으로 표시합니다.

$$\frac{1}{9}=0.\dot{1}, \qquad \frac{1}{99}=0.\dot{0}\dot{1}, \qquad \frac{1}{999}=0.\dot{0}0\dot{1}$$

②의 $0.\dot{2}\dot{7}$은 $\frac{1}{99}$의 27배이기 때문에 $\frac{27}{99}=\frac{3}{11}$이 됩니다.

단, 순환하는 부분이 $1.2\dot{3}$처럼 되어 있는 경우는 $1.2+0.0\dot{3}$으로 생각하여 다음과 같이 합니다.

$$0.2\dot{3}=1.2+0.0\dot{3}=\frac{6}{5}+0.\dot{3}\times\frac{1}{10}=\frac{6}{5}+\frac{3}{90}$$

‘몇 배’라는 점 때문에 불안감을 느끼는 사람을 위해서 방정식으로 확인해 보기로 하겠습니다. 구하려는 분수를 $x=0.\dot{2}\dot{7}$이라고 하면 오른쪽처럼 계산할 수 있습니다.

$$\begin{aligned}
100x&=27.2727\cdots\cdots \\
-)\quad x&=0.2727\cdots\cdots \\
\hline
99x&=27 \\
x&=\frac{27}{99}=\frac{3}{11}
\end{aligned}$$

연습문제

다음 순환소수를 분수로 나타내 봅시다.

① $2.\dot{6}$　　　　　　② $1.3\dot{2}\dot{4}$

29 이차방정식

공식

I. $(x-a)(x-b)=0$일 때, $x=a, x=b$

II. $(x+m)^2=n$일 때, $x=-m\pm\sqrt{n}$

예제 다음 이차방정식을 풀어 봅시다.

① $x^2-2x-24=0$　　　　② $(x-2)^2=3$

(2차식)$=0$이라는 형태로 바꿀 수 있는 식을 이차방정식이라고 합니다. 2차식이란 x^2처럼 제곱 항을 포함한 식을 말합니다. 이차방정식을 푸는 데는 I 처럼 **인수분해를 이용하는 방법**과 II 처럼 **완전제곱식에 의한 방법**이 기본입니다.

①의 경우 왼쪽 변을 **인수분해**하면 $(x+4)(x-6)=0$이 됩니다. 이 식을 성립시키는 x는 $x+4$나 $x-6$ 어느 한쪽이 0이 되면 되기 때문에 $x+4=0$에서 $x=-4$, $x-6=0$에서 $x=6$, 두 개가 답이 됩니다.

②의 경우는 $x-2$의 제곱이 3이니 제곱하기 전의 $x-2$는 3의 제곱근인 $\pm\sqrt{3}$이 됩니다. 즉 $x-2=\pm\sqrt{3}$이 되니 -2를 오른쪽 변으로 이항하면 $x=2\pm\sqrt{3}$이 됩니다.

그렇다면 머리를 더욱 써서 ①을 완전제곱식에 의한 방법으로 풀어 봅시다.

$$x^2 - 2x - 24 = 0$$

$$x^2 - 2x = 24$$

$$x^2 - 2x + 1 = 24 + 1$$

$$(x - 1)^2 = 25$$

$$x - 1 = \pm 5$$

$$x = 1 \pm 5$$

$$x = 6, \ -4$$

어떻습니까? 풀었습니까? 이차방정식을 **완전제곱식**으로 푸는 방법은 약간 복잡하기는 하지만 어떤 일을 순서에 따라서 논리적으로 생각하기 위한 가장 좋은 훈련법이라고 생각합니다.

완전제곱식은 오른쪽에서처럼 제곱하기 전의 수를 구하는 제곱근의 기본이기도 하니 때로는 이차방정식을 **완전제곱식**으로 푸는 훈련을 해 보시기 바랍니다.

$$x^2 = c$$
$$\downarrow$$
$$x = \pm \sqrt{c}$$

연습문제

다음 이차방정식을 풀어 봅시다.

① $x^2 - 5x - 24 = 0$　　　　② $x^2 - 6x - 10 = 0$

30 이차방정식 근의 공식

$$ax^2 + bx + c = 0 \, (a \neq 0) \text{일 때,}$$

$$x = \frac{-b \pm \sqrt{b^2 - 4ac}}{2a}$$

예제 다음 이차방정식을 풀어 봅시다.

① $x^2 - 3x - 6 = 0$　　　② $2x^2 + 3x - 5 = 0$

이차방정식의 근을 단번에 구할 수 있는 것이 이차방정식의 **근의 공식**입니다. 근의 공식은 $\sqrt{}$ 가 들어 있기도 하고 분수로 표시되어 있기도 하고 ±가 붙어 있기도 해서 약간 복잡하기는 하지만 주목해야 할 것은 x^2**의 계수**(a), x**의 계수**(b), **정수항**(c)입니다.

① $x^2 - 3x - 6 = 0$을 근의 공식으로 풀어 봅시다. 우선 공식에 대입할 a, b, c를 확인해 보기로 합시다. a는 x^2**의 계수 1**, b는 x**의 계수 -3**, c는 **정수항 -6**입니다. 이것을 근의 공식에 대입하면,

$$x = \frac{3 \pm \sqrt{(-3)^2 - 4 \times 1 \times (-6)}}{2 \times 1}$$

$$= \frac{3 \pm \sqrt{9 + 24}}{2}$$

$$= \frac{3 \pm \sqrt{33}}{2} \text{이 됩니다.}$$

② $2x^2+3x-5=0$을 근의 공식으로 풀어 봅시다. 공식에 대입할 a, b, c는, **a는 x^2의 계수 2, b는 x의 계수 3, c는 정수항 -5**입니다. 이것을 근을 구하는 공식에 대입하면,

$$x=\frac{-3\pm\sqrt{3^2-4\times2\times(-5)}}{2\times2}$$

$$=\frac{-3\pm\sqrt{9+40}}{4}$$

$$=\frac{-3\pm7}{4}$$

$$=\frac{-3+7}{4},\ \frac{-3-7}{4}$$

$$=\frac{4}{4},\ -\frac{10}{4}$$

$$=1,\ -\frac{5}{2}$$이 됩니다.

공식을 **이것저것 외우기는** 했지만 사용법을 잘 모르는 경우가 아주 많습니다. 그런 보물을 그냥 썩힐 수는 없습니다. **공식을 외우는 것보다 외운 공식을 사용하는 것**이 더 중요합니다. 이차방정식의 **근의 공식**을 일상생활에서 사용할 일은 없겠지만 머리를 단련한다는 생각으로 때로는 이차방정식을 **근의 공식**으로 풀어 보시기 바랍니다.

연습문제

다음 이차방정식을 풀어 봅시다.

① $x^2-5x+2=0$ ② $x^2+4x-4=0$

[연립방정식의 계산-가감법] 한 가지 문자의 계수를 정리하여 식을 더하거나(+) 빼기(-)로 만들어서 그 문자를 지운다.

[삼원일차연립방정식] 연립방정식은 문자(미지수)를 지워 나간다.

$\text{I} . (x+y)^2 = x^2+2xy+y^2$

$\text{II} . (x+y)(x-y) = x^2-y^2$

$\text{III} . (x+a)(x+b) = x^2+(a+b)x+ab$

$\boxed{1}\ mx+my = m(x+y)$

$\boxed{2}\ \text{I} . x^2+2xy+y^2 = (x+y)^2$

$\quad \text{II} . x^2-y^2 = (x+y)(x-y)$

$\quad \text{III} . x^2+(a+b)x+ab = (x+a)(x+b)$

전개공식이나 인수분해는 수의 계산에도 이용할 수 있다.

$\text{I} . (a+b)^2 = a^2+2ab+b^2$

$\text{II} . (a+b)(a-b) = a^2-b^2$

$\text{III} . a^2-b^2 = (a+b)(a-b)$

$$\sqrt{a} \times \sqrt{b} = \sqrt{ab}, \quad \frac{\sqrt{a}}{\sqrt{b}} = \sqrt{\frac{a}{b}}$$

$$a\sqrt{c}+b\sqrt{c} = (a+b)\sqrt{c} \quad (a>0,\ b>0,\ c>0)$$

$$\frac{a}{\sqrt{b}} = \frac{a\sqrt{b}}{b}$$

$$\frac{1}{\sqrt{a}+\sqrt{b}} = \frac{\sqrt{a}-\sqrt{b}}{(\sqrt{a}+\sqrt{b})(\sqrt{a}-\sqrt{b})} = \frac{\sqrt{a}-\sqrt{b}}{a-b} \quad (a>0,\ b>0)$$

$$\frac{1}{3} = 0.333\cdots = 0.\dot{3}, \quad \frac{1}{7} = 0.1428571428571\cdots = 0.\dot{1}4285\dot{7}$$

$\text{I} . (x-a)(x-b) = 0$일 때, $x=a,\ x=b$

$\text{II} . (x+m)^2 = n$일 때, $x = -m \pm \sqrt{n}$

$ax^2+bx+c = 0\,(a \neq 0)$일 때, $x = \dfrac{-b \pm \sqrt{b^2-4ac}}{\sqrt{b}}$

여기는 어디? 이상한 문자들이 막 걸어다녀요.
마침 오늘 파티가 열리는 날이니까 저쪽 친구들과 함께 이야기를 나눠보자구.
방정식을 잘 하려면 우선 기호들과 친해져야지.
안녕~
안녕? 난 방정식의 아이돌 X라고 해, 여기 내 여자친구 Y양이고.
하이~!
아, 안녕!
아, 안돼겠다!
무한소수 길
꺄아~도망쳐자!
앗! 그, 그쪽은!
으앙~집으로 보내 주세요!

$$ax^2+bx+c=0\,(a\neq0)\text{의 두 해가 } x=p,\,q\text{일 때,}$$

$$p+q=-\frac{b}{a},\ pq=\frac{c}{a}$$

예제 이차방정식 $x^2+mx+n=0$의 두 개의 해가 $x=2,\,3$일 때 $m,\,n$의 값을 구해 봅시다.

방정식의 해란 방정식의 **문자에 들어갈 값**을 말합니다. 예를 들어서 이차방정식 $x^2-3x+2=0$의 해는 $x=1,\,2$입니다. 여기서 $x^2-3x+2=0$의 좌변에 $x=1$을 대입하면 $1^2-3\times1+2=1-3+2=0$이 되기 때문에 **우변과 같아집니다.** $x=2$를 대입해도 $2^2-3\times2+2=4-6+2=0$이 되어 역시 **우변과 같아집니다.** 따라서 $x=1,\,2$가 $x^2-3x+2=0$의 해임을 확인할 수 있습니다.

이것을 이용하여 예제를 생각해 보면,

$$x=2\text{일 때, } 2^2+2m+n=0,\ 2m+n=-4$$

$$x=3\text{일 때, } 3^2+3m+n=0,\ 3m+n=-9$$

라는 **연립방정식**이 만들어지니 이 m과 n의 **연립방정식**을 풀면 됩니다.

다음에는 **인수분해를 사용하여 이차방정식을 푸는 방법**에 대해서 생각해 봅시다.

이차방정식 두 개의 해, $x=p, q$는 $(x-p)(x-q)=0$의 해입니다. 따라서 $x^2+mx+n=(x-p)(x-q)$라고 표시할 수 있습니다. 이 식의 우변을 전개하여 계수를 비교해 봅시다. $(x-p)(x-q)=x^2-(p+q)x+pq$가 되기 때문에,

$$x^2+mx+n=x^2-(p+q)x+pq \text{로 } m=-(p+q), n=pq$$

가 됩니다.

이 관계를 **이차방정식의 근과 계수의 관계**라고 합니다. 이것을 이용하면 **두 해의 합과 곱의 값을 알고 있는 이차방정식의 해**를 구할 수 있습니다. 예제에서 $x=2, 3$이므로 두 해의 합은 5, 곱은 6이기 때문에 $x^2-5x+6=0$이 되어 $m=-5, n=6$이 됩니다.

마지막으로 삼차방정식 $x^3+px^2+qx+r=0$의 해를 α, β, γ라고 한다면 해와 계수의 관계는 다음과 같이 됩니다.

$$\alpha+\beta+\gamma=-p, \; \alpha\beta+\beta\gamma+\gamma\alpha=q, \; \alpha\beta\gamma=-r.$$

아름답다고 생각되지 않습니까?

연습문제

① $x^2+mx+n=0$의 두 해가 $1+\sqrt{2}$, $1-\sqrt{2}$일 때 m, n의 값을 구해 봅시다.

② $x^2+(m+1)x+m=0$의 하나의 해가 다른 해의 두 배일 때 m의 값을 구해 봅시다.

32 비례와 반비례

$y=ax$로 표시될 때, y는 x에 정비례한다.

$y=\dfrac{a}{x}$로 표시될 때, y는 x에 반비례한다.

※ x, y는 함께 변하는 변수, a는 0이 아닌 정수

 오른쪽과 같은 천칭이 균형을 이루고 있을 때, $al=bm$이라는 관계가 있습니다. 다음 관계는 어떻게 될까요?

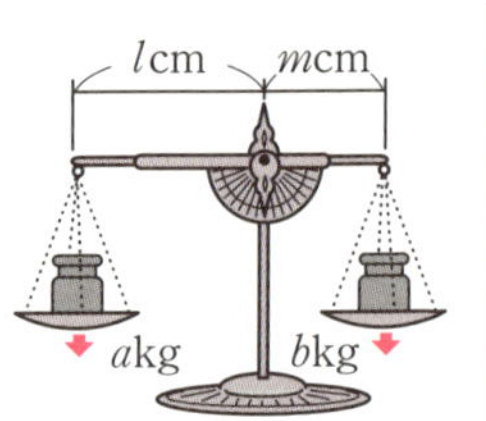

① a와 l이 일정할 때, b와 m의 관계

② a와 b가 일정할 때, l과 m의 관계

요즘에는 볼 수 없지만 옛날에는 그림과 같은 천칭을 사용하여 무게와 길이 관계로 값을 계산했습니다.

예제 ①에서는 a와 l이 일정할 때, $al=bm$은 $b=\dfrac{al}{m}$이고, al은 일정하기 때문에 $b=\dfrac{일정}{m}$이 되므로 b와 m은 반비례합니다.

②에서는 a와 b가 일정할 때, $al=bm$은 $l=\dfrac{bm}{a}$이고, $\dfrac{b}{a}$는 일정하기 때문에 $l=(일정)\times m$이 되므로 l과 m은 비례합니다.

비례는 두 개의 변수를 **나눈 것이 일정**, 반비례는 두 개의 변수를 **곱한 것이 일정**하다고 기억해 두시면 됩니다.

반비례에 대한 문제로는 **맞물려 있는 두 개의 톱니바퀴**가 곧잘 인용됩니다.

"톱니가 60개인 톱니바퀴 A와 톱니가 20개인 톱니바퀴 B가 있습니다. 톱니바퀴 A가 10바퀴 돌면 톱니바퀴 B는 몇 바퀴 돌까요?"

이것은 톱니바퀴 A가 10번 돌 때의 톱니의 수와 맞물려 있는 톱니바퀴 B의 톱니의 수가 같기 때문에 **(A의 톱니 수)×(A의 회전수)=(B의 톱니 수)×(B의 회전수)**라는 식을 만들 수 있습니다. 톱니바퀴 B의 회전수를 x회전이라고 하면 $60×10=20×x$이므로 $x=30$(회전)이 됩니다.

변속기가 달린 자전거는 페달에 달린 톱니바퀴와 뒷바퀴에 달린 톱니바퀴가 체인으로 연결되어 있어, 속력을 낼 때는 뒷바퀴의 톱니바퀴의 톱니 수를 적게 하여 힘을 덜 들이게 해 주는 것입니다.

연습문제

두 개의 톱니바퀴가 있습니다. A톱니바퀴를 10바퀴 돌렸더니 B톱니바퀴가 15바퀴 돌았다고 합니다. B톱니바퀴의 톱니가 50개라면 A톱니바퀴의 톱니는 몇 개일까요?

33 중점의 좌표

두 점 $A(a, b), B(c, d)$를 잇는 선분 AB의 중점의 좌표는 $\left(\dfrac{a+c}{2}, \dfrac{b+d}{2}\right)$이다.

 두 점 $A(2, 1), B(8, 7)$를 잇는 선분의 중점의 좌표를 구해 봅시다.

중점이란 **어떤 두 점을 양 끝으로 하는 선분 위에 있으며, 양 끝에서 같은 거리에 있는 점**을 말합니다. 간단하게 말하자면 한가운데 있는 점으로 두 점의 평균이 됩니다.

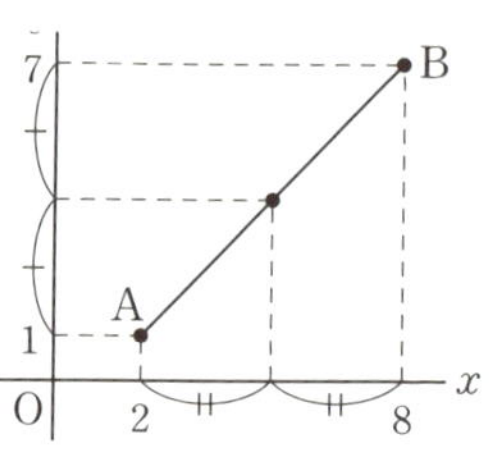

예제에서 중점의 좌표는 $\left(\dfrac{2+8}{2}, \dfrac{1+7}{2}\right) = (5, 4)$입니다.

일반적으로 두 점 $A(a, b), B(c, d)$를 잇는 선분 AB를 $m:n$으로 내분하는 점의 좌표는 $\left(\dfrac{na+mc}{m+n}, \dfrac{nb+md}{m+n}\right)$입니다. 중점은 선분을 $1:1$로 내분한 특별한 경우입니다.

다음은 대칭이 되는 점을 구하는 방법입니다. 점 $A(a, b)$가 있다고 할 때, ① x축과 대칭이 되는 점의 좌표와 ② 원점$(0, 0)$과 대칭이 되는 점의 좌표를 생각해 봅시다.

① x축과 대칭이 되는 점의 좌표는 y좌표의 부호만 바뀌어서 $(a,\ -b)$, ② 원점 $0(0,\ 0)$과 대칭이 되는 점의 좌표는 x좌표, y좌표 전부 기호만 바뀌어서 $(-a,\ -b)$가 됩니다.

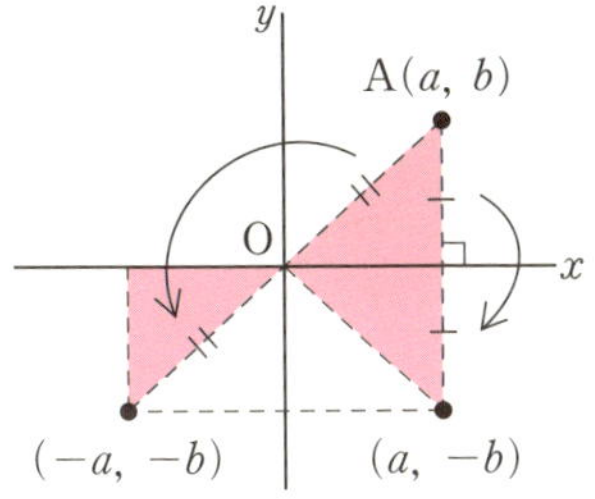

① x축과 대칭이 되는 두 점의 중점의 좌표는 $(a,\ 0)$, 원점 0과 대칭이 되는 두 점의 중점의 좌표는 $(0,\ 0)$이 됩니다. 이미 알고 있었습니까?

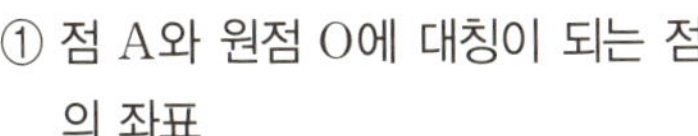

오른쪽 그림을 보고 다음 문제를 풀어 봅시다.

① 점 A와 원점 O에 대칭이 되는 점의 좌표
② 선분 BC의 중점의 좌표
③ 삼각형 ABC의 넓이

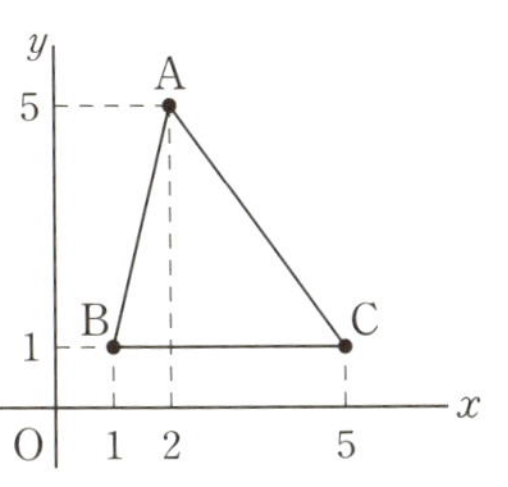

34 일차함수의 그래프

일차함수 $y=ax+b$의 그래프는 기울기 a, 절편 b인 직선

예제
① 일차함수 $y=2x+3$의 그래프를 그려 봅시다.
② 두 점 $(4, 0)$, $(-2, 3)$을 지나는 직선의 식을 구해 봅시다.

①은 직선이 지나는 두 점의 좌표를 구해서 그 두 점을 직선으로 이으면 그래프를 그릴 수 있습니다. 예를 들어서 $x=1$을 식에 대입하면, $y=2\times1+3=5$이므로 이 그래프는 $(1, 5)$를 지난다는 사실을 알 수 있습니다. $x=4$를 대입하면 $y=2\times4+3=11$이므로 $(4, 11)$을 지난다는 사실을 알 수 있기 때문에 이 두 점 $(1, 5)$, $(4, 11)$을 지나는 직선이 답입니다.

여기서 $y=2x+3$의 2를 **기울기**, $+3$을 **절편**이라고 합니다. **기울기는 x의 값이 1증가했을 때의 y의 증가량을** 나타내며, **절편은 $x=0$일 때의 y의 값을** 나타냅니다. 그리고 **절편은 그래프와 y축과의 교점의 y좌표가** 됩니다. 따라서 기울기와 절편을 알고 있는 그래프를 그릴 때는, 우선 절편에서 y축과의 교점을 잡은 다음, 기울기에 따라서 x의 값이 1 늘어났을 때의 y의 값을 구해서 직선으로 이으면 됩니다.

②는 구하는 직선의 식을 $y=ax+b$라고 한다면 두 점 $(4, 0)$, $(-2, 3)$을 지나니 x좌표의 값을 x에, y좌표의 값을 y에 대입하여 $0=4a+b$(③), $3=-2a+b$(④), 이 두 연립방정식을 풀면 됩니다. $a=-\dfrac{1}{2}$, $b=2$가 되기 때문에 답은 $y=-\dfrac{1}{2}x+2$입니다.

②의 식을 다른 관점에서 보면 두 점 $(4, 0)$, $(0, 2)$를 지나는 직선 식이라고 할 수 있습니다. **절편**은 **y축과의 교점**, 즉 **y축과 만나는 점**인데, 직선이 x축과 평행하지 않는 한 **x축과 만나는 점**도 존재합니다. 여기서 전자를 '**y절편**', 후자를 '**x절편**'이라고 한다면 일차함수 $\dfrac{x}{m}+\dfrac{y}{n}=1$의 그래프는 **$x$절편이 m**, **y절편이 n**이 됩니다. 이것은 그래프를 그릴 때 편리한 공식입니다. 예를 들어서 예제의 ②의 식은 $y=-\dfrac{1}{2}x+2$인데 x의 항을 좌변으로 이항한 다음 양변을 2로 나누면 $\dfrac{x}{4}+\dfrac{y}{2}=1$이 되어 x축과의 교점의 x좌표가 4, y축과의 교점의 y좌표가 2라는 사실을 알 수 있기 때문에 $(4, 0)$, $(0, 2)$를 지나는 직선을 그리면 된다는 사실을 알 수 있습니다. 분수로 되어 있어 약간 귀찮지만 $ax+by=1$이라고 나타내기만 하면 그래프를 그리는 데 편리하니 기억해 두시기 바랍니다.

다음 두 점을 지나는 직선의 식을 구해 봅시다.

① $(2, 0)$, $(-2, 4)$　　　　② $(6, 0)$, $(0, 8)$

공식

두 점을 지나는 직선의 기울기는 $\dfrac{y\text{의 증가량}}{x\text{의 증가량}}$

예제 두 직선 $y=ax+b$, $y=cx+d$가 평행일 때, a와 c 사이에는 어떤 관계가 있을까요?

평행이란 기울기가 같다는 뜻이기 때문에 두 직선의 기울기인 a와 c의 관계는 $a=c$입니다.

참고로 $a=c$이고 $b=d$일 때, 두 개의 직선은 같습니다(겹칩니다).

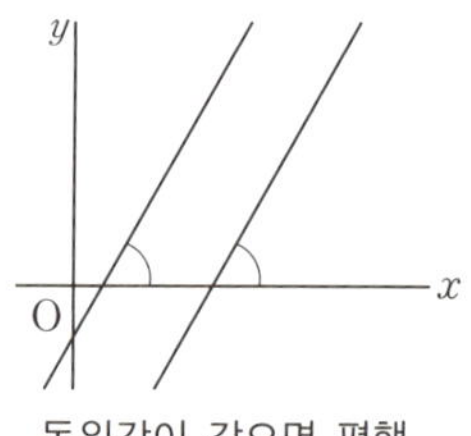

동위각이 같으면 평행

그렇다면 두 직선이 수직으로 교차할 때는 어떻게 될까요?

기울기는 각각 $\dfrac{n}{m}$, $-\dfrac{m}{n}$이니 $ac=-1$이 됩니다.

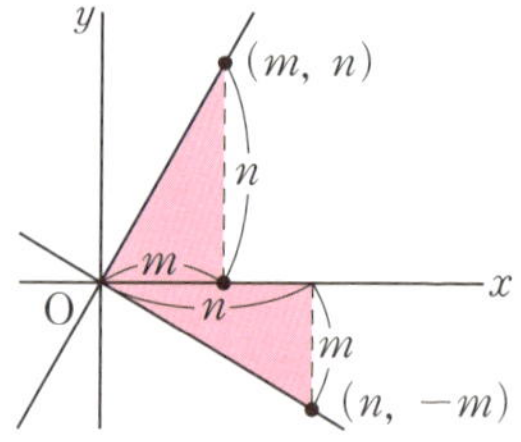

이상을 정리하면 직선 $y=ax+b$에 대해서 평행한 직선의 식은 $y=ax+h$, 수직인 직선의 식은 $y=-\dfrac{1}{a}x+k$로 나타낼 수 있습

니다.

우리 주위에서 볼 수 있는 기울기에 대해서 알아보기로 하겠습니다. **기울기**를 **경사**라고도 합니다. 자동차로 내리막길을 달릴 때면 오른쪽 그림과 같은 표지판을 볼 수 있습니다. ‘%’로 표시되어 있는데, 옆의 표지판은 100m 전진하면 10m 낮아지는 사실을 나타냅니다.

철도에는 오른쪽 그림처럼 숫자로만 표시된 표지(‘경사표’라고 합니다)가 있는데 단위는 ‘%’가 아니라 ‘1,000m(1km) 전진하면……’ 이라는 의미인 ‰(천분율)을 사용합니다.

연습문제

다음 직선의 식을 구해 봅시다.

① 직선 $y=2x+1$과 평행이고 점 $(2, 7)$을 지나는 직선

② 직선 $y=\dfrac{1}{2}x+1$과 수직이고 점 $(\dfrac{1}{2}, 2)$를 지나는 직선

36 동점에 관한 문제

점이 도형 위를 움직이는 문제는, 점이 움직이는 범위를
단위로 생각하자.

예제 가로 6cm, 세로 4cm인 직사각형이 있습니다. 점 P가 점 B→C→D→A 순서대로 1초에 1cm씩 움직입니다.

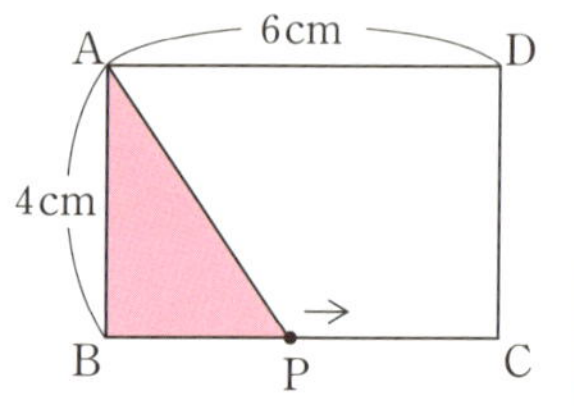

점 P가 점 B를 출발하여 x초 후에 만들어진 삼각형 APB의 넓이를 $y\mathrm{cm}^2$라고 할 때, y를 x의 식으로 나타내 봅시다.

점 P가 변 BC, CD, DA 위를 움직일 경우, 삼각형의 넓이를 구하는 공식 $(\triangle\mathrm{APB}$의 넓이$)=\dfrac{1}{2}\times(밑변)\times(높이)$ 중에서 높이가 바뀌기 때문에 넓이가 변화하는 모습이 달라집니다.

우선 점 P가 변 BC 위에 있을 때는 밑변이 4cm, 높이 $x\mathrm{cm}$이므로 $y=2x$입니다. x의 변역은 $0<x\leqq6$입니다. 점 P가 변 CD 위에 있을 때는 밑변 4cm, 높이 6cm이므로 $y=12$가 됩니다. x의 변역은 $6<x\leqq10$입니다. 점 P가 변 DA 위에 있을 때는 밑변이 4cm, 높이 $(16-x)\mathrm{cm}$이므로 $y=2(16-x)=-2x+32$입니다. x의 변

36

역은 $10<x\leqq16$입니다.

결과를 정리하면,

변 BC 위$(0<x\leqq6)$일 때, $y=2x$

변 CD 위$(6<x\leqq10)$일 때, $y=12$

변 DA 위$(10<x\leqq16)$일 때, $y=-2x+32$

가 됩니다.

이것을 그래프로 나타내면 오른쪽 처럼 됩니다.

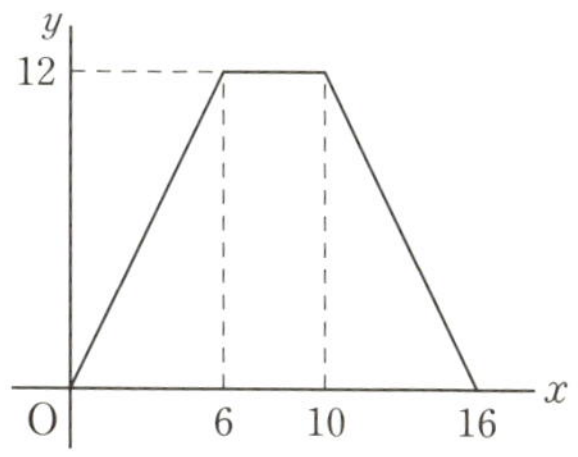

그래프를 보면 알 수 있는 것처럼 '하나로 이어진 꺾은 선'을 이루고 있습니다. 움직이는 점이 꼭짓점에 왔을 때의 좌표를 이으면 그래프를 그릴 수 있습니다. 즉, 점 P가 점 C, D, A에 왔을 때의 넓이를 구하면, 원점 O, 점(6, 12), 점(10, 12), 점(16, 0)을 잇는 그래프가 됩니다.

연습문제

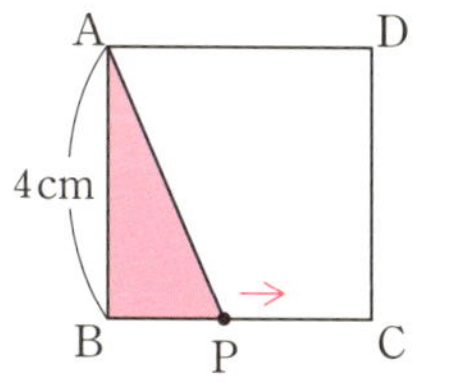

한 변이 4cm인 정사각형에서 점 P가 점 B → C → D → A 순서대로 한 바퀴 돌았을 때 그래프는 어떻게 될까요?

좌표평면 위의 삼각형과 사각형의 넓이

도형의 넓이는 도형을 크게 감싼 다음, 필요 없는 도형을 뺀다.

예제 오른쪽 △ABC의 넓이를 구해 봅시다.

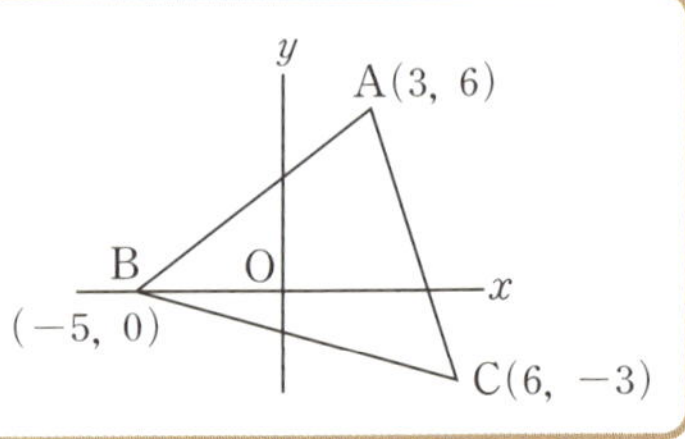

△ABC의 넓이를 구하려면 밑변과 높이를 알아야 합니다. x축 혹은 y축과 평행이 되는 변이 없어서 밑변의 값을 알 수 없기 때문에 오른쪽 그림에서처럼 △ABC의 각 꼭짓점을 지나는 **커다란 직사각형**을 그린 다음, 거기서 **나머지 세 개의 직각삼각형의 넓이를 빼서** 구합니다. 이것이 좌표평면 위의 삼각형

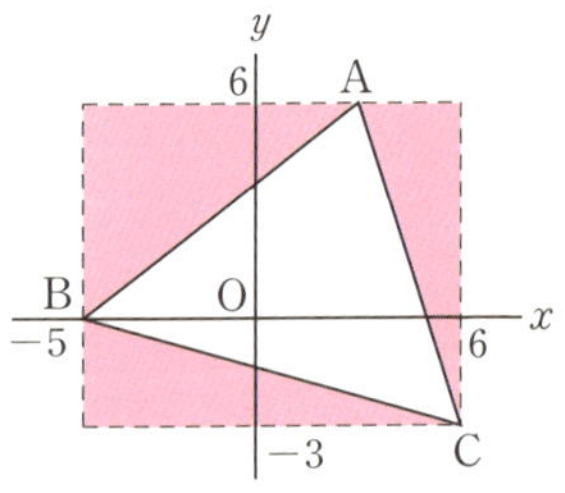

의 넓이를 구하는 기본이 되는데 다음 그림에서처럼 변 AC와 x축과의 교점 D를 구하기 쉬운 경우에는 BD를 밑변으로 하는 두 개의 삼각형의 넓이를 구해도 상관없습니다. 단, 이것은 꼭짓점 중 하나

37

인 점 B가 x축 위에 있기 때문에 이
용할 수 있는 방법입니다. 중요한 것
은 상황에 따라서 구하는 방법을 바
꿀 줄 아는 능력이 필요한데, 이처럼
상황에 따라서 바꿀 줄 아는 능력이

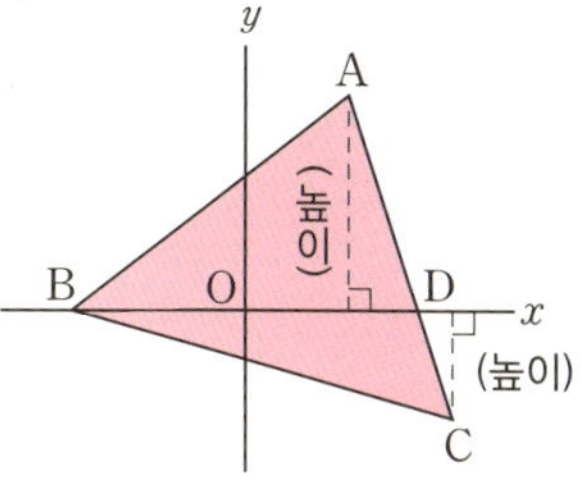

야말로 수학의 가장 커다란 재미이자 일상생활에 도움이 되는 사고
력을 키워 주는 것이라고 생각합니다. 예제의 답은 45입니다.

그렇다면 사각형의 넓이를 구
할 때는 어떻게 하면 될까요? 삼
각형일 때와는 달리 모든 꼭짓점
을 지나는 직사각형은 그릴 수 없
습니다. 이런 경우는 오른쪽 그림

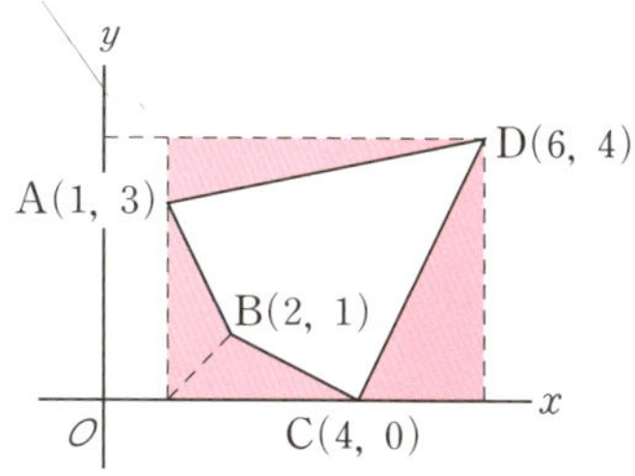

과 같이 잘라서 **(커다란 사각형)－(네 개의 삼각형의 넓이)**로 구하
면 됩니다.

오른쪽 사각형 ABCD의 넓이를
구해 봅시다.

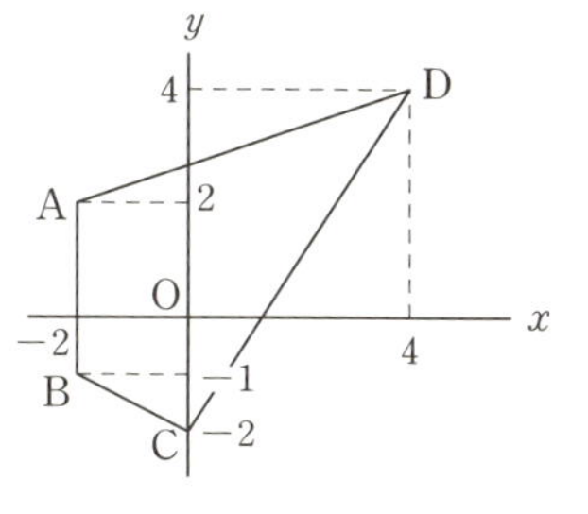

38 그래프 교점의 좌표

두 직선의 교점의 좌표는 연립방정식의 해가 된다.

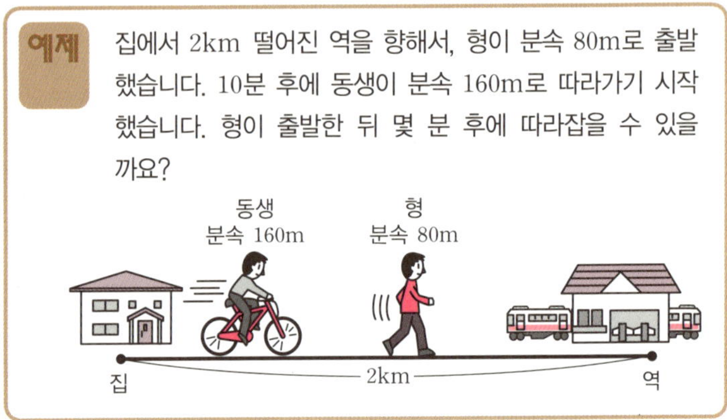

집에서 2km 떨어진 역을 향해서, 형이 분속 80m로 출발했습니다. 10분 후에 동생이 분속 160m로 따라가기 시작했습니다. 형이 출발한 뒤 몇 분 후에 따라잡을 수 있을까요?

그래프를 그려서 생각해 보기로 합시다. 집에서 출발한 형이 x분 후에 이동한 거리를 ym라고 한다면 형은 $y=80x$, 동생은 $y=160(x-10)$이기 때문에 오른쪽 그림처럼 됩니다.

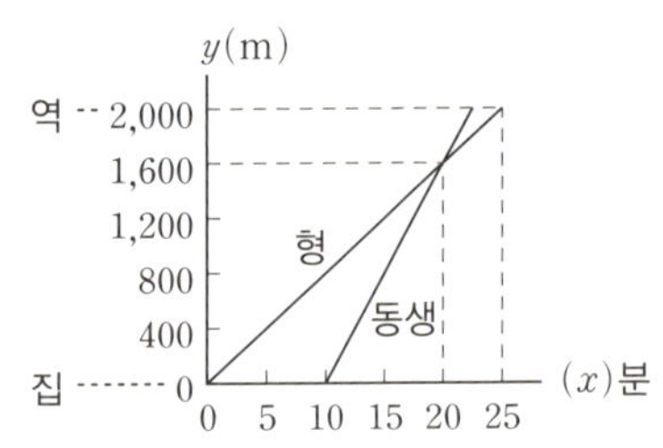

그래프의 교차점이, 동생이 형을 따라잡는 지점입니다. 형과 동

생의 식, $y=80x$, $y=160(x-10)$을 연립방정식으로 풀어 보면 $x=\underline{20}$, $y=\underline{1,600}$이기 때문에 '$\underline{20}$분 후에 집에서 $\underline{1,600}$m 떨어진 곳에서 따라잡게' 됩니다.

여기다 조건을 더해서 '형이 15분 후에 5분 동안 쉬었을 때'나 '동생이 15분 후에 출발했을 때' 등으로 그래프를 수정해 보면 다음과 같이 됩니다.

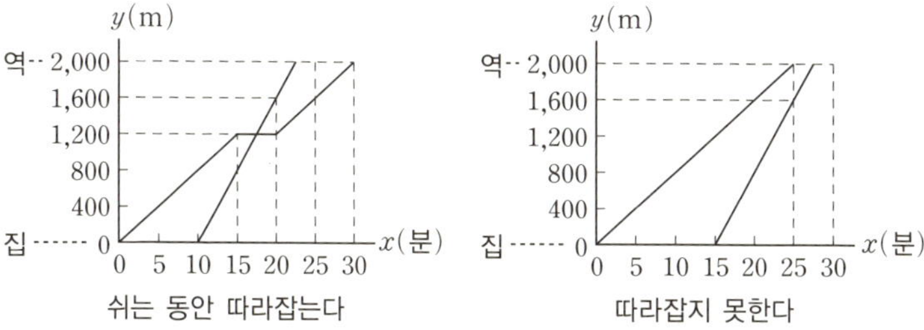

이와 같은 그래프를 **다이어그램**이라고 하는데 열차의 운행계획을 작성할 때 이용합니다.

열차의 다이어그램은 가로축이 시간, 세로축이 역인데 역 사이의 평균속도를 기울기(상행선을 $+$, 하행선을 $-$)로 하여 그래프를 그립니다. 열차의 정차시간은 '형이 쉰 시간'과 마찬가지로 "시간만이 흘렀다."고 보고 세로축과 평행한 기울기 0의 직선으로 나타냅니다. 다이어그램을 보면 열차가 역에 도착하는 시각이나 몇 시 몇 분에 열차끼리 스쳐 지나는지 등을 알 수 있습니다.

39 제동거리

공식

$$(제동거리) = a \times (속력)^2$$

예제 시속 40km로 달릴 때에 제동거리가 12m인 자동차가 있습니다.

① 시속 $x$km로 달렸을 때의 제동거리를 ym라고 할 때 x, y의 관계를 식으로 나타내 봅시다.

② 시속 60km로 달렸을 때의 제동거리를 구해 봅시다.

자동차 브레이크를 밟았을 때 **브레이크가 듣기 시작한 순간부터 자동차가 멈출 때까지의 거리**를 제동거리라고 합니다.

제동거리는 도로의 상태나 자동차의 구조에 따라서 달라지지만 일반적으로는 **자동차 속력의 제곱에 비례**하는 것으로 알려져 있습니다. 자동차의 속력이 두 배가 되면 제동거리는 네 배가 됩니다.

제동거리를 ym, 속력을 시속 $x$km라고 한다면 제동거리와 속력의 관계는 $y = ax^2$으로 나타낼 수 있습니다. ①에서는 시속 40km

로 달리고 있을 때의 제동거리가 12m이므로 $y=ax^2$에 $y=12$, $x=40$을 대입하면 $12=a\times40^2$, 따라서 $a=\dfrac{3}{400}$이고, $y=\dfrac{3}{400}x^2$ 입니다.

②는 이 $y=\dfrac{3}{400}x^2$에 $x=60$을 대입하면 $y=27$이 되기 때문에 제동거리는 27m라는 사실을 알 수 있습니다. 시속 40km일 때의 두 배보다 더 멀리 갈 때까지 멈추지 않습니다.

만약 고속도로 위를 시속 80km로 달린다고 하면 제동거리는 48m가 됩니다. 그렇다고 해서 "앞 차와의 거리가 50m만 되면……."이라고 생각해서는 안 됩니다. 제동거리는 **브레이크를 밟기 시작해서 자동차가 멈추기까지의 거리**를 말하는 것인데, **위험을 깨닫고 브레이크를 밟아**도 자동차는 달립니다. 이 거리를 **공주거리**라고 합니다. 운전하는 사람에 따라서 차이는 있지만 시속 80km일 때의 공주거리는 20m를 넘는 것으로 알려져 있습니다. 따라서 시속 80km로 달릴 때는 앞 차와의 거리를 80m 이상 두어야 합니다. 그리고 제동거리는 비올 때의 노면에서 1.5배 이상, 적설, 결빙된 노면에서는 세 배 이상이 된다고 합니다. 운전할 때는 충분히 주의해야 합니다. 이 외에도 시간의 제곱에 비례하는 것에는, **물체가 낙하할 때의 시간과 거리, 진자가 왕복할 때의 시간과 진자의 길이**가 있습니다.

40 | 포물선

공식

함수 $y=ax^2$의 그래프는 포물선

> **예제** 다음 함수의 그래프를 그려 봅시다.
>
> ① $y=x^2$ ② $y=-x^2$ ③ $y=2x^2$

함수 $y=ax^2$의 그래프를 그리려면 대응하는 $(x,\ y)$를 좌표로 하는 점을 몇 개 구해서 매끄러운 선으로 이으면 됩니다. 함수 $y=ax^2$인 그래프는 **y축과 대칭**이 됩니다. 그리고 $y=ax^2$에서 a의 절댓값이 클수록 양쪽 선의 거리는 가까워집니다.

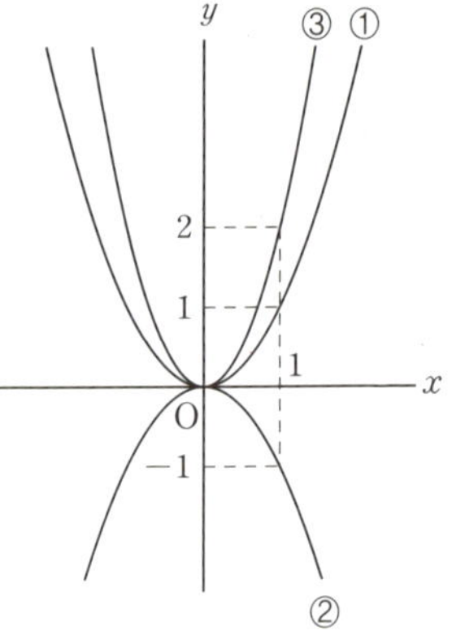

그런데 포물선은 물체를 위로 던졌을 때 이런 선을 그리기 때문에 붙여진 이름인 듯한데 위로 벌어진 포물선을 봐서는 느낌이 잘 오지 않습니다. 영어로는 파라볼라(parabola)라고 합니다. 그렇습니다. 파라볼라안테나의 '파라볼라'입니다. 파라볼라안테나의 방향도 위가 아니라 옆이기는 하지만……

40

고등학교에서는 포물선의 식을 $y^2=4px$라고 나타내고 시계 방향으로 90° 회전한 것이나, 옆으로 벌어진 그래프도 배웁니다. 그리고 **포물선의 정의를 한 개의 꼭짓점에서의 거리와 하나의 직선에서의 거리가 같은 점의 궤적(F를 초점, l를 준선이라고 합니다)**이라고 합니다. 준선을 공통접선으로 가지며 초점을 지나는 원의 중심을 이어 봅시다. 포물선이 그려집니다.

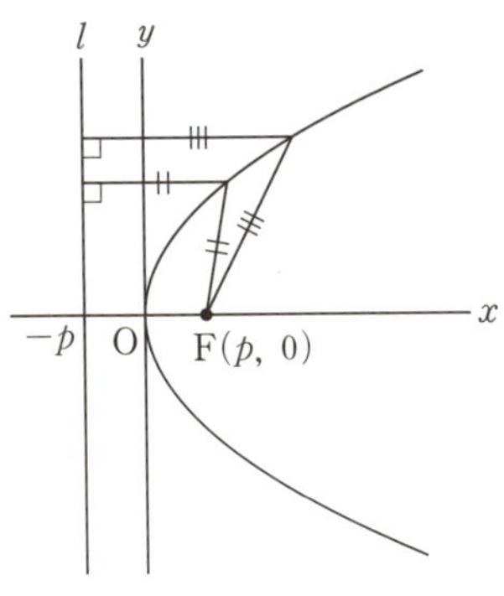

그리고 포물선의 성질 중에는, 축에 평행한 직선은 교점에서의 접선에 대하여 등각도로 꺾어져 초점에 모인다는 것이 있습니다. 자동차의 전조등은 이 성질을 이용한 것입니다.

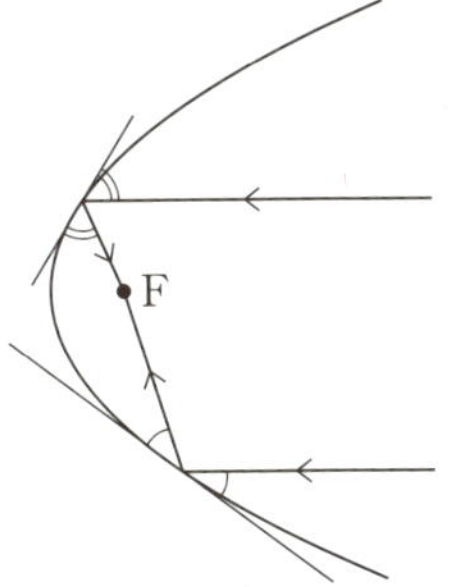

연습문제

함수 $y=x^2\,(-3\leqq x\leqq 2)$의 최댓값과 최솟값을 구해 봅시다.

$ax^2+bx+c=0\,(a\neq0)$의 두 해가 $x=p$, q일 때,
$$p+q=-\frac{b}{a},\ pq=\frac{c}{a}$$

$y=ax$로 표시될 때, y는 x에 정비례한다.
$y=\dfrac{a}{x}$로 표시될 때, y는 x에 반비례한다.
※ x, y는 함께 변하는 변수, a는 0이 아닌 정수

두 점 $A(a, b)$, $B(c, d)$를 잇는 선분 AB의 중점의 좌표는
$\left(a+\dfrac{a+c}{2},\ \dfrac{b+d}{2}\right)$이다.

일차함수 $y=ax+b$의 그래프는, 기울기 a, 절편 b인 직선

두 점을 지나는 직선의 기울기는 $\dfrac{y의\ 증가량}{x의\ 증가량}$

점이 도형 위를 움직이는 문제는, 점이 움직이는 범위를 단위로 생각하자.

도형의 넓이는 도형을 크게 감싼 다음, 필요 없는 도형을 뺀다.

두 직선의 교점의 좌표는 연립방정식의 해가 된다.

(제동거리)$=a\times(속력)^2$

함수 $y=ax^2$의 그래프는 포물선

양돌이와 데이트라니 꿈만 같아!
양순아! 널 위해 준비 했어!
응? 선물?
자, 받아!
어, 던져.
휙!
그만 좀 졸아!
야.. 양돈아..
앗! 저건 2차 함수의 포물선?

41 변화의 비율

$$\text{변화의 비율} = \frac{y\text{의 증가량}}{x\text{의 증가량}}$$

 **예제** 다음 함수에서 x의 값이 1에서 3까지 증가할 때에 변화의 비율을 구해 봅시다.

① $y = 2x^2$ ② $y = -2x^2$

변화의 비율은 $\dfrac{y\text{의 증가량}}{x\text{의 증가량}}$의 값을 말합니다. **일차함수** $y = ax + b$에서, **변화의 비율은 a**가 되지만 함수 $y = ax^2$일 때는 a가 되지 않습니다. 확인해 보기로 하겠습니다.

①은 $\dfrac{2 \times 3^2 - 2 \times 1^2}{3 - 1} = 8$, ②는 $\dfrac{(-2) \times 3^2 - (-2) \times 1^2}{3 - 1} = -8$

이 되어 $y = 2x^2$의 2, $y = -2x^2$의 -2로 같지 않습니다.

함수 $y = ax^2$에서 x의 값이 p에서 q까지 증가할 때의 변화 비율은 $\dfrac{aq^2 - ap^2}{q - p}$ 입니다. 이것을 정리해 보면 $\dfrac{a(q^2 - p^2)}{q - p} = \dfrac{a(q+p)(q-p)}{q - p} = a(q+p)$가 됩니다. 이 값은 무엇을

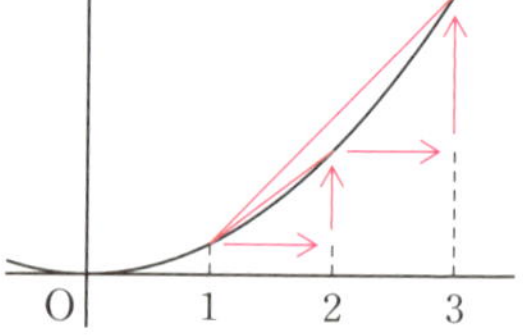

나타내고 있는 것일까요? 함수 $y=ax^2$의 그래프를 그렸을 때, x좌표가 p, q인 두 점 $P(p,\ ap^2)$, $Q(q,\ aq^2)$를 잇는 **직선의 기울기를** 나타내는 것입니다.

또 예제 ①은 오른쪽 그래프에서처럼 x의 값을 더욱더 쪼개어 보면 점 P에서의 접선의 기울기에 가까워지고 있습니다.

  변화의 비율은 두 점을 잇는 직선의 기울기입니다. 따라서 **일차함수 $y=ax+b$에서는** a가 기울기를 나타내기 때문에 **(변화의 비율)=a**가 되는 것입니다.

연습문제

물체가 낙하할 때 시간 x초와 거리 ym 사이에 $y=4.9x^2$이라는 관계가 있습니다. x의 값이 1에서 5까지 증가할 때의 변화의 비율을 구해 봅시다.

공식

포물선 $y=ax^2$과 직선 $y=bx+c$의 교점의 x좌표는 이차방정식 $ax^2=bx+c$의 해이다.

예제 그림처럼 포물선 $y=\dfrac{1}{2}x^2$과 직선 $y=x+4$의 교점을 A, B라고 할 때, △OAB의 넓이를 구해 봅시다.

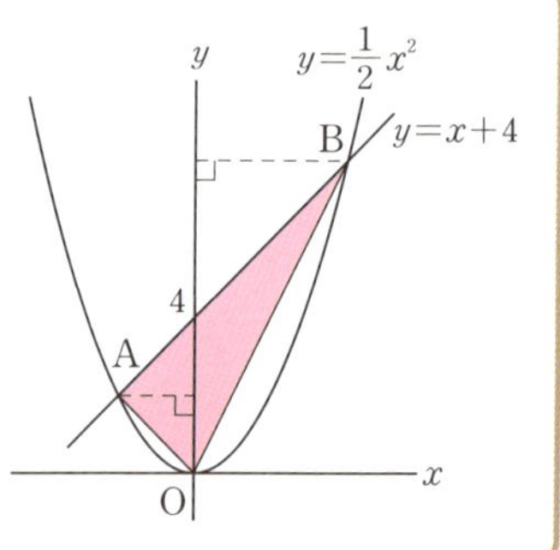

두 점 A, B의 좌표를 이용해서 구해 보기로 합시다. 공식에 따라서, $\dfrac{1}{2}x^2=x+4$라는 이차방정식을 만들어 풉니다.

$$\frac{1}{2}x^2=x+4,\ x^2=2x+8,\ x^2-2x-8=0,\ (x+2)(x-4)=0$$

따라서 $x=-2,\ 4$이기 때문에 교점의 좌표는 A$(-2,\ 2)$, B$(4,\ 8)$입니다.

다음으로 △OAB의 넓이를 구해 보겠습니다.

CO를 밑변으로 하고 높이 2, 4인 삼각형의 넓이의 합을 구하면 됩니다. $\dfrac{1}{2} \times 4 \times 2 + \dfrac{1}{2} \times 4 \times 4 = 12$가 정답입니다.

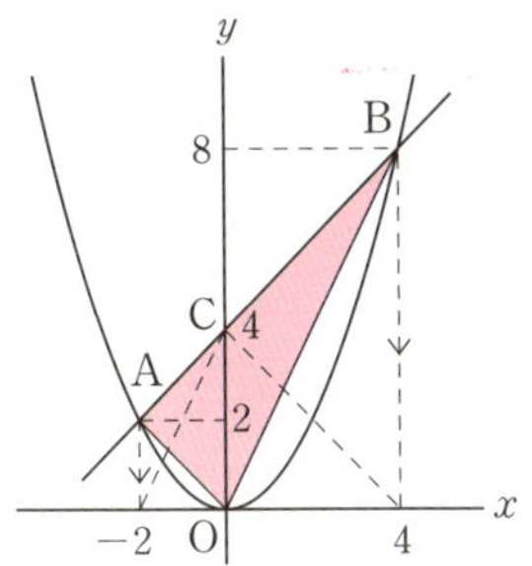

다음으로 점 A를 지나서 △OAB의 넓이를 2등분하는 직선의 방정식을 구해 봅시다.

삼각형의 넓이를 2등분하는 직선은 대변의 중점을 지나는 직선이 되기 때문에 대변의 중점의 좌표를 구해서 꼭짓점과 대변의 중점을 잇는 직선의 식을 구하면 됩니다.

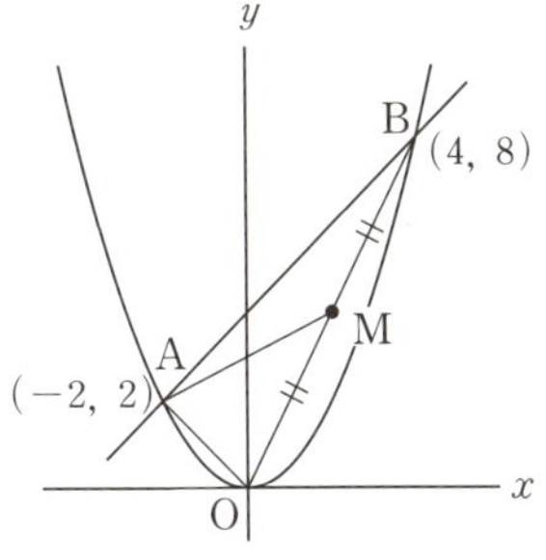

변 OB의 중점을 M이라고 한다면 점 B의 좌표가 (4, 8)이기 때문에 M(2, 4)가 됩니다. 두 점 A(−2, 2), M(2, 4)를 지나는 직선의 방정식은 $y - 2 = \dfrac{4-2}{2-(-2)} \times \{x-(-2)\}$이므로 $y = \dfrac{1}{2}x + 3$이 정답입니다.

연습문제

오른쪽 그림처럼 $y = x^2$인 그래프가 직선 l과 x좌표가 각각 −4, 2인 점에서 교차합니다.

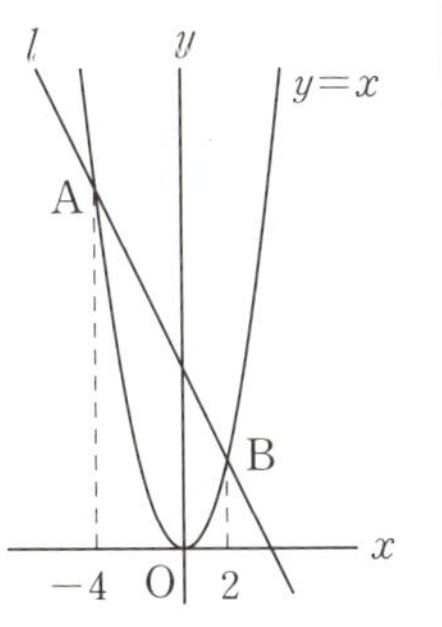

① 직선 l의 식을 구해 봅시다.

② △OAB = △APB가 되는 포물선 위의 점 P의 좌표($-4 < x < 2$)를 구해 봅시다.

43 | 경우의 수

경우의 수는 표나 수형도를 그려 합의 법칙·곱의 법칙으로 계산한다.

1에서 5까지 다섯 개의 숫자 중 서로 다른 숫자를 사용하여 세 자리의 정수를 만들면 몇 개를 만들 수 있을까요?

어떤 것을 **빠짐없이, 중복되지 않게** 헤아리기 위해서는 오른쪽 그림과 같은 <u>수형도</u>를 이용하면 됩니다. 단, 모든 경우를 쓴다는 것은 상당히 복잡한 일이니 일정한 규칙을 파악해서 계산으로 구하도록 합시다.

경우의 수를 구하는 방법에는 합의 법칙과 곱의 법칙이 있습니다.

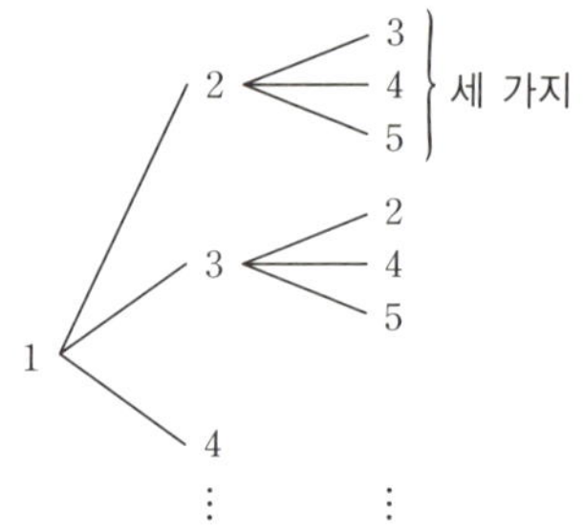

합의 법칙이란 A와 B라는 경우가 있는데 A와 B가 동시에 일어나지 않을 때 A가 될 경우가 m가지, B가 될 경우가 n가지라고 한다면 A와 B 중 어느 하나가 일어날 경우의 수는 $m+n$(**가지**)가 된

다고 하는 것입니다.

곱의 법칙이란 A와 B라는 경우가 있는데 A가 일어날 경우가 m가지, 그 하나하나에 대해서 B가 일어날 경우가 n가지 있다고 한다면 A와 B가 일어날 경우의 수는 $m \times n$(**가지**)가 된다고 하는 것입니다.

계산으로 구해 보면, 백의 자리의 숫자가 다섯 가지, 십의 자리의 숫자가 네 가지, 일의 자리의 숫자가 세 가지가 있는데 각각의 경우가 동시, 혹은 연속해서 일어나기 때문에 곱의 법칙을 이용하면 $5 \times 4 \times 3 = 60$(가지)가 됩니다.

그럼 예제를 약간 바꿔서 "몇 가지의 짝수를 만들 수 있을까요?"라고 한다면 어떻게 구하시겠습니까?

짝수가 되려면 일의 자리의 숫자가 짝수면 되기 때문에 일의 자리의 숫자가 2가 되는 경우의 수와 4가 되는 경우의 수를 더하면(합의 법칙) 됩니다.

일의 자리의 숫자가 2가 되는 경우는 백의 자리의 숫자가 네 가지, 십의 자리의 숫자가 세 가지가 있으므로 $4 \times 3 = 12$, 일의 자리의 숫자가 4가 되는 경우도 백의 자리의 숫자가 네 가지, 십의 자리의 숫자가 세 가지이므로 $4 \times 3 = 12$(가지)로 $12 + 12 = 24$(가지)입니다.

0에서 3까지 네 개의 숫자 중 서로 다른 숫자를 사용하여 세 자리의 정수를 만들려고 합니다. 몇 가지 수를 만들 수 있을까요?

44 | 순열

공식

서로 다른 n개의 물건 가운데서 r개를 골라 늘어놓을 때, $_nP_r = n(n-1)\cdots\cdots(n-r+1)$(가지)

예제 1에서 6까지의 여섯 개의 숫자 중에서 서로 다른 숫자를 사용하여 세 자리의 정수를 만들면 몇 가지의 정수를 만들 수 있을까요?

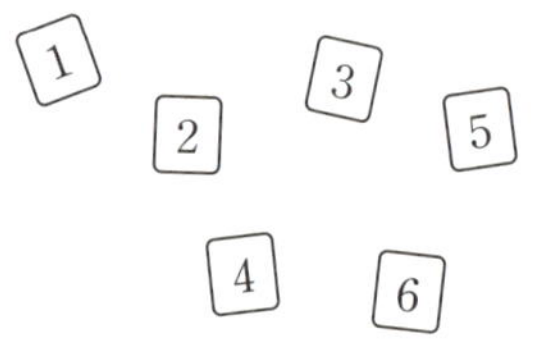

예제처럼 몇 가지의 물건을 일렬로 늘어놓은 것, 혹은 그 늘어놓는 방법을 순열이라고 합니다.

공식에 대입해 보면, '서로 다른 여섯 개의 숫자 가운데서 세 개를 골라 늘어놓는 경우'로 $n=6$, $r=3$이 되기 때문에 $_6P_3 = 6 \times 5 \times 4 = 120$(가지)가 됩니다.

이 순열의 공식 $_nP_r = n(n-1)(n-2)\cdots\cdots(n-r+1)$은 식만 보면 복잡한 것 같지만 **전체 개수 n에서 1씩 뺀 숫자를 곱하는 개수가 r개가 될 때까지 곱하면 된다**고 생각하시면 됩니다.

예제에서 여섯 개의 숫자 전부를 사용하여 여섯 자리의 정수를 만들 때의 경우의 수는 $6 \times 5 \times 4 \times 3 \times 2 \times 1 = 720$(가지)입니다. 이처럼 n에서 1까지 연속되는 숫자의 곱을 나타내는 경우를 n의 **계승**이라고 하고 $n!$이라고 표시합니다. 순열의 공식을 사용하면 ${}_n\mathrm{P}_n = n!$입니다. **전체 개수 n부터 순서대로 1씩 뺀 숫자를 곱하는 개수가 n개가 될 때까지(1이 될 때까지) 곱하는 것입니다.**

순열은 중복되어도 상관없는 경우가 있습니다. 예제로 말하자면 '서로 다른 숫자'라는 조건을 빼고 "같은 숫자를 사용해도 된다."는 조건을 넣는 것입니다. 556이나 333도 상관없다는 이야기입니다. 이와 같은 순열을 중복순열이라고 합니다. 중복순열을 구하는 방법은 ${}_n\Pi_n = n^r$입니다. "1에서 6까지의 여섯 개의 숫자 중에서 세 가지 숫자를 사용하여 3자리의 정수를 만들면 몇 가지의 정수를 만들 수 있을까요? 단 같은 숫자를 사용해도 됩니다."라는 문제는 $6^3 = 216$(가지)입니다.

연습문제

경마의 마권 중에는 1등에서부터 3등까지를 등수대로 맞히는 '3연승단식' 마권이 있습니다.
12마리가 경쟁한 레이스에서 3연승단식 마권을 전부 살 경우, 몇 가지가 될까요?

45 조합

서로 다른 n개의 물건 중에서 r개를 뽑아내는 것은

$$_n\mathrm{C}_r = \frac{_n\mathrm{P}_r}{_r\mathrm{P}_r}(가지)$$

예제 1에서 5까지의 다섯 개의 숫자 중에서 세 개의 숫자를 뽑을 경우 그 조합은 몇 가지일까요?

여기서는 **무엇을 꺼내는가**만 문제 삼고 있을 뿐, 앞 단원에서처럼 **늘어놓는 순서**까지는 생각하지 않아도 됩니다. 즉, '1, 2, 3'을 선택한 경우 순열에서는 '123, 132, 213, 231, 312, 321'을 따로따로 헤아렸지만 조합에서는 한 가지가 됩니다.

다시 말해서 조합을 구하려면 '**꺼내서 늘어놓는**' 경우의 수를 '**그것을 늘어놓는**' 경우의 수로 나누면 됩니다. 따라서

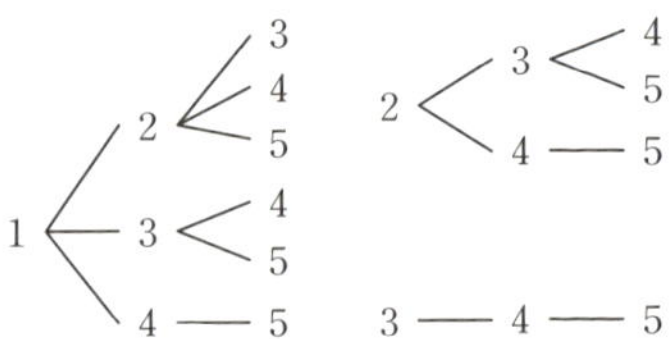

예제는 $\dfrac{_5\mathrm{P}_3}{_3\mathrm{P}_3} = \dfrac{5 \times 4 \times 3}{3 \times 2 \times 1} = 10$

(가지)입니다.

조합의 식은 다음과 같습니다.

$$_nC_r = \frac{_nP_r}{_rP_r} = \frac{n(n-1)\cdots(n-r+1)}{r!} = \frac{n!}{(n-r)!\,r!}$$

문자를 사용한 식으로 표시하면 복잡하게 보이지만 실제로 계산할 때는 분모와 분자를 약분할 수 있는 경우가 많기 때문에 어렵지는 않습니다.

"회원이 12명인 모임에서 세 명의 위원을 뽑으려 합니다. 뽑는 방법에는 몇 가지가 있을까요?"라는 문제의 답은 $_{12}C_3 = \dfrac{12 \times 11 \times 10}{3 \times 2 \times 1}$ $=220$(가지)입니다. $_nC_r$은, **전체의 개수 n에서 순서대로 1씩 뺀 숫자를 곱하는 개수가 r개가 될 때까지 곱한 값을, r에서부터 1씩 뺀 숫자를 1이 될 때까지 곱한 값으로 나누는 것**이라고 생각하시기 바랍니다.

마지막으로 "회원이 12명인 모임에서 세 명의 위원을 뽑아 위원장, 부위원장, 서기를 정하려 합니다. 뽑는 방법에는 몇 가지가 있을까요?"라는 문제를 생각해 보기로 합시다. 뽑힌 세 명은 다시 위원장, 부위원장, 서기로 구별이 되기 때문에 이것은 조합이 아니라 순열입니다.

$$_{12}P_3 = 12 \times 11 \times 10 = 1{,}320\text{(가지)}$$

연습문제

경마의 마권 중에는 등수에 관계없이 1등부터 3등까지 들어온 말을 맞히는 '3연승복식' 마권이 있습니다.
12마리가 경쟁한 레이스에서 다섯 마리를 골라서 '3연승복식' 마권을 살 경우 조합은 몇 가지가 될까요?

46 | 확률

$$\text{확률} = \frac{\text{어떤 일이 일어날 경우의 수}}{\text{일어날 수 있는 모든 경우의 수}}$$

예제 크기가 다른 두 개의 주사위를 던졌을 때 같은 숫자가 나올 확률을 구해 봅시다.

어떤 것을 선택해야 할지 판단하기 어려울 때, 우리는 보통 위험이 가장 적고 가능한 한 많은 이득을 얻기 위해, 일어날 수 있는 여러 가지 일들의 **확률**을 생각하여 결단을 내립니다. 이번에는 바로 그 확률에 관한 이야기입니다. 확률은 **어떤 일이 일어날 경우의 수를 일어날 수 있는 모든 경우의 수로 나눈 값**입니다. 이 값이 클수록 그 일이 일어날 가능성이 높다는 말입니다.

그럼 예제를 살펴봅니다. 우선 **어떤 일이 일어날 경우의 수**란 다음 표에서 볼 수 있는 것처럼 같은 숫자가 나올 경우이니 모두 여섯 가지입니다. **일어날 수 있는 모든 경우의 수**는 36가지입니다. 따라서 같은 숫자가 나올 확률은 $\frac{6}{36} = \frac{1}{6}$로 여섯 번에 한 번은

대＼소	·	∵	∴	∷	⁙	⁛
·	(1, 1)	(1, 2)	(1, 3)	(1, 4)	(1, 5)	(1, 6)
∵	(2, 1)	(2, 2)	(2, 3)	(2, 4)	(2, 5)	(2, 6)
∴	(3, 1)	(3, 2)	(3, 3)	(3, 4)	(3, 5)	(3, 6)
∷	(4, 1)	(4, 2)	(4, 3)	(4, 4)	(4, 5)	(4, 6)
⁙	(5, 1)	(5, 2)	(5, 3)	(5, 4)	(5, 5)	(5, 6)
⁛	(6, 1)	(6, 2)	(6, 3)	(6, 4)	(6, 5)	(6, 6)

같은 숫자가 나온다는 말입니다.

제비뽑기에 대해서도 생각해 봅니다. 다섯 개 중에 한 개의 제비가 들어 있는 것을 두 사람이 하나씩 뽑을 때, 먼저 뽑는 사람이 제비를 뽑을 확률이 높을까요, 나중에 뽑는 사람이 제비를 뽑을 확률이 높을까요?

먼저 뽑는 사람이 뽑을 확률은 $\dfrac{1}{5}$ 입니다. 나중에 뽑는 사람이 뽑을 확률은 먼저 뽑은 사람이 뽑지 못하고 나중에 뽑는 사람이 뽑아야 하니

$\dfrac{4}{5} \times \dfrac{1}{4} = \dfrac{1}{5}$ 이 됩니다. 뽑을 확률은 …… **먼저 뽑든 나중에 뽑든 같습니다.** 선공이 최고일지, 기다리는 자에게 복이 있을지는 신만이 아는 일입니다.

연습문제

크기가 다른 두 개의 주사위를 던졌을 때 다음의 확률을 구해 봅시다.

① 수의 합이 7이 될 때　　② 수의 합이 3 이상이 될 때

47 기댓값

$$기댓값 = \{(상금) \times (확률)\}의\ 합$$

예제 다음과 같은 복권이 있습니다. 복권 한 매에 1,000원이라고 한다면 이 복권을 사는 것은 손해일까요, 득일까요? 복권은 총 1,000매입니다.

	상금	매수
1등	10만 원	2매
2등	1만 원	20매
3등	1,000원	100매
4등	500원	878매

복권처럼 한 매에 대해서 돌아올 것으로 예상(기대)되는 금액을 **기댓값**(기대금액)이라고 합니다.

예제에서 든 복권의 기댓값을 공식에 따라서 구해 보기로 하겠습니다. 복권은 총 1,000매이므로,

$$100,000 \times \frac{2}{1,000} + 10,000 \times \frac{20}{1,000} + 1,000 \times \frac{100}{1,000} + 500 \times \frac{878}{1,000}$$

$$= 200 + 200 + 100 + 439 = 939(원)$$

인데, 이 복권 한 매를 1,000원에 사는 것이 '손해인가 아니면 이익인가'를 따지자면 '손해'입니다.

물론 복권의 기댓값이 한 매의 값보다 큰 경우는 없지만 …….

기댓값을 계산하는 식은 통분하면 분자는 상금의 총액, 분모는 총 매수이기 때문에 **상금 총액을 복권 총 매수로 나눈 값**이기도 합니다.

여러분은 '복권'의 기댓값이 어느 정도인지 알고 있습니까? 당첨금과 당첨 복권의 매수, 총 매수 등은 복권 뒷면에 적혀 있으니 계산해 보시기 바랍니다. 상금 총액을 총 발행 매수로 나누면 됩니다.

거의 모든 복권은 기댓값이 40~50%가 되도록 만듭니다. 판매액의 40~50%만 당첨금으로 배당되고 나머지는 경비를 포함해서 복권을 만든 사람의 몫으로 돌아갑니다. 복권의 기댓값이 얼마인지 알았는데도 '1등 ○억 원'이라는 말에 현혹되어 계속 복권을 사는 것이 과연 현명할까요?

연습문제

오른쪽과 같은 복권이 있습니다. 기댓값을 구해 봅시다. 단, 당첨되지 않는 복권은 없습니다.

	상금	매수
1등	10만 원	10매
2등	1만 원	20매
3등	1,000원	500매
4등	500원	1,000매

공식

선대칭 도형에서 대응하는 두 점을 잇는 선분은, 대칭축이 수직으로 2등분한다.
점대칭 도형에서 대응하는 두 점을 잇는 선분은, 대칭의 중심을 지나며 대칭의 중심이 2등분한다.

예제 오른쪽 그림은 선대칭 도형이자 점대칭 도형입니다. 대칭축은 몇 개일까요? 또 대칭의 중심은 어디일까요?

정사각형이나 정육각형은 **선대칭**이기도 하고 **점대칭**이기도 한 도형입니다. **대칭축**은 완전히 겹치게 접었을 때 생기는 선을 말합니다.

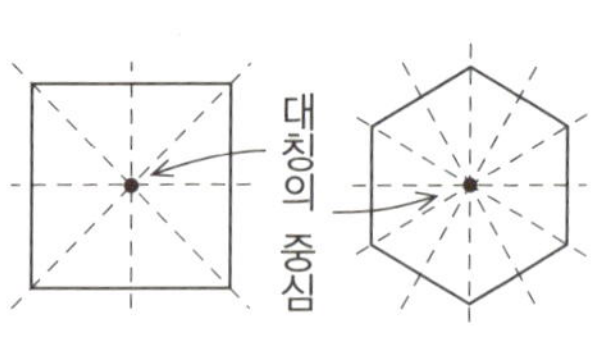

정사각형의 대칭축은 네 개, 정육각형의 대칭축은 여섯 개입니다.

그리고 **대칭의 중심**은 어떤 점을 중심으로 180° 회전시켰을 때 완전히 겹치게 되는 점을 말합니다. 대칭의 중심은 대응하는 점끼리 이은 선분의 중점입니다.

선대칭, 점대칭 도형은 우리 주변에서도 찾아볼 수 있습니다. 예를 들어서 도로 표지판에는 오른쪽 그림처럼 선대칭이나 점대칭인 도형이 많습니다.

선대칭 도형은 선대칭 이동, 점대칭 도형은 점대칭 이동한다고 말할 수도 있습니다. 이외에도 도형의 이동에는 도형의 방향이 바뀌지 않는 **평행이동**과 대칭의 중심 주위로 회전하는 **회전이동**이 있습니다. **점대칭 이동은 180° 회전 이동** 하는 것과 같습니다.

안전지대

양방향통행　　　차량통행금지

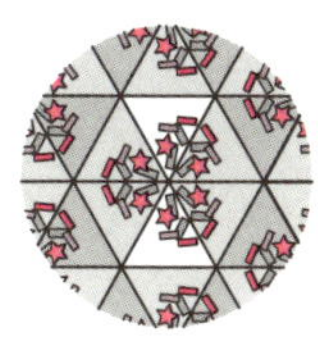

만화경의 아름다운 모양도 가만히 살펴보면 선대칭 도형이라는 사실을 알 수 있습니다.

49 | 기본 작도

작도는 자와 컴퍼스만으로 그린다.

예제 오른쪽 그림처럼 a와 b의 집 근처에 강이 있습니다. 두 사람의 집에서 같은 거리에 있는 지점에서 낚시를 하려면 어느 지점에 낚싯줄을 드리워야 할까요?

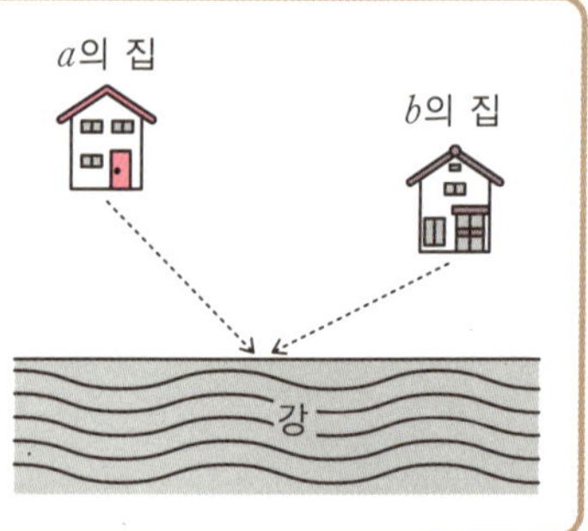

작도 문제에서는 눈금이 있는 자로 거리를 재거나 각도기로 각도를 재서는 안 됩니다. 자는 직선을 그을 때만 사용하고 컴퍼스는 원을 그리거나 선분의 길이를 옮기는 데만 써야 합니다.

두 점에서 같은 거리에 있는 점은 두 점을 잇는 선분의 중점을 지나고 두 점을 잇는 선분과 수직으로 교차하는

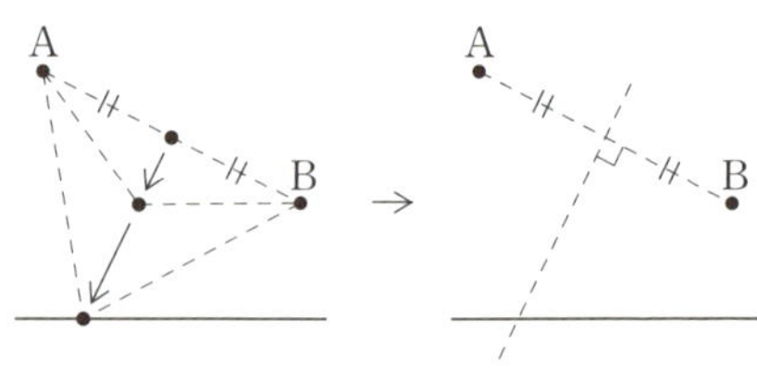

직선 위에 있는 점입니다. 다시 말해서 **두 점을 잇는 선분의 수직**

116

이등분선을 그리면 됩니다. 이때 두 점은 **선대칭 위치**에 있습니다. 두 점이 겹치도록 접으면 **두 점을 잇는 선분의 수직이등분선**에서 접힌다는 점으로도 확인할 수 있습니다.

'선분의 수직이등분선'의 작도는 오른쪽 그림처럼 하면 구할 수 있습니다.

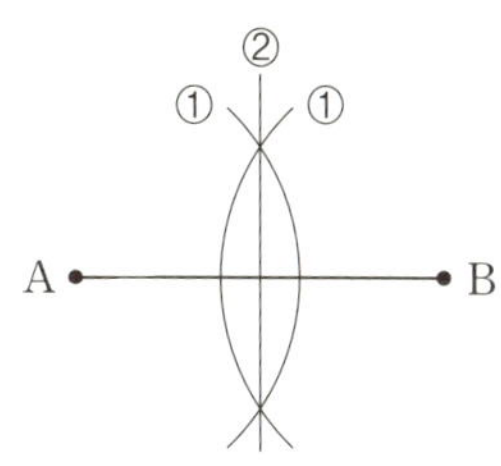

① 반지름이 같은 원을 그린다.
② 교점을 지나는 직선을 그린다.

기본 작도에는 선분의 수직이등분선과 함께 각의 이등분선도 있습니다. 아래 그림으로 확인해 두시기 바랍니다.

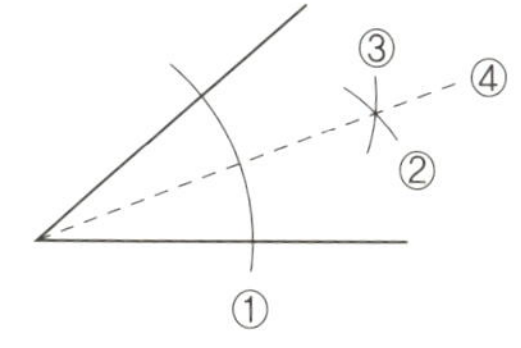

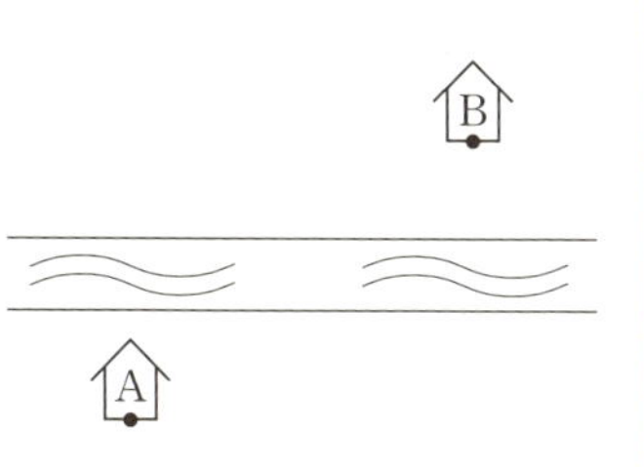

연습문제

A와 B의 집이 강을 끼고 있는데 서로의 집에서 같은 거리가 되는 지점에서 마주 보고 낚시를 하려면 각각 어느 지점에 자리를 잡아야 할까요?

50 | 최단 거리

두 점을 잇는 최단 거리는 두 점을 잇는 선분의 길이이다.

예제 오른쪽 그림처럼 A와 B의 집 근처에 강이 있습니다. A가 강에서 낚시를 하고 B의 집으로 갈 때 최단 거리가 되는 강가의 지점은 어디일까요?

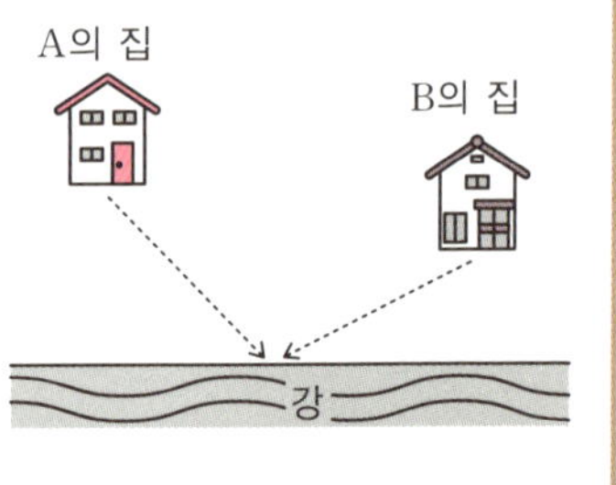

오른쪽 그림처럼 **두 점을 잇는 선 중에서 가장 짧은 것은 직선**입니다. 강(직선)에 대해서 A와 대칭이 되는 점 A′을 잡은 다음, **대칭점 A′과 B를 잇는 직선**을 그리면 구할 수 있습니다. 대칭이 되는 점을 잡는 방법은 오른쪽 그림처럼 점 A를 지나는 수선을 그리는 방법을 이용합니다. 그림 속의 ⑤, ⑥은 점 O를 중심으로

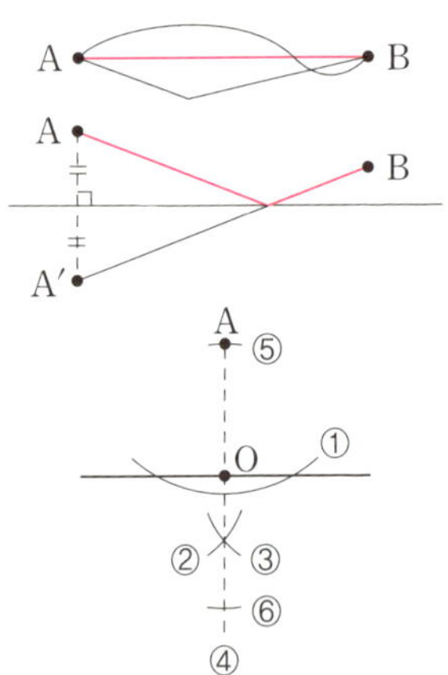

50

하여 선분 OA를 반지름으로 그린 원(호)입니다.

그렇다면 오른쪽 그림과 같은 각을 이루고 있는 해안에서 A가 양쪽 해변에서 낚시를 한 다음 B의 집에 가는 최단 거리가 되는 지점은 어디일까요? 두 점 A와 B의 대칭점을 잡아서 연결하면 됩니다.

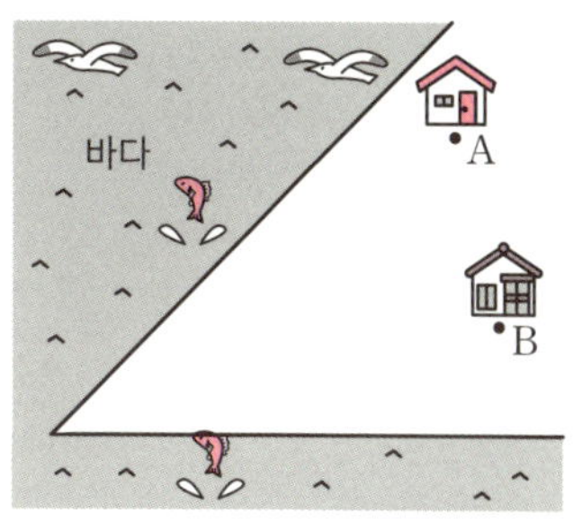

① A와 B 각각의 대칭점 A′과 B′을 잡는다.

② A′와 B′를 잇는다.

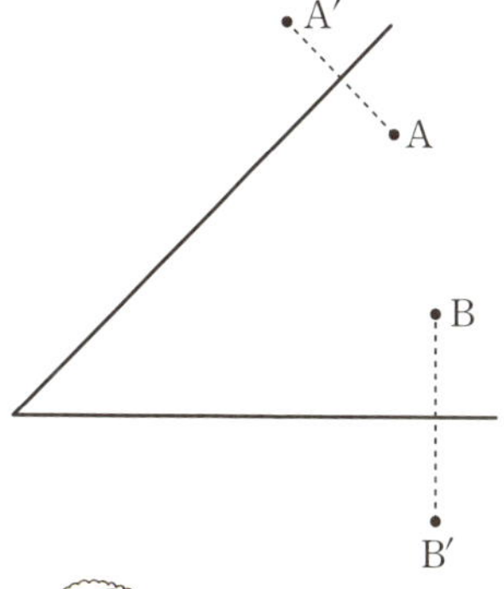

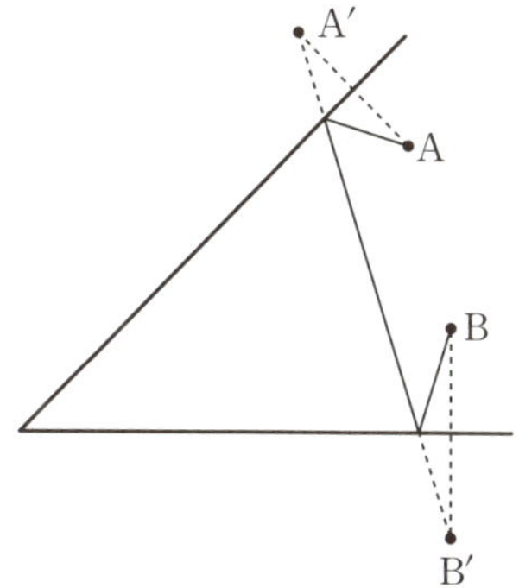

연습문제

당구를 치고 있습니다. 공 A를 쳐서 2쿠션으로 공 B를 맞히기 위해서는 어디를 노리면 될까요?

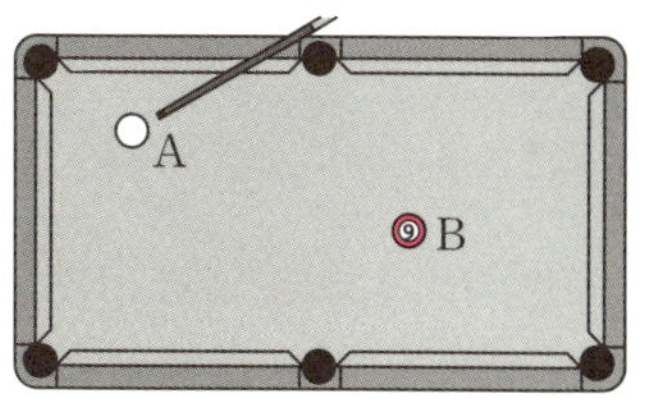

＊쿠션 : 당구대 벽을 맞히는 것.

변화의 비율$=\dfrac{y \text{의 증가량}}{x \text{의 증가량}}$

포물선 $y=ax^2$과 직선 $y=bx+c$의 교점의 x좌표는 이차방정식 $ax^2=bx+c$의 해이다.

경우의 수는 표나 수형도를 그려 합의 법칙·곱의 법칙으로 계산한다.

서로 다른 n개의 물건 가운데서 r개를 골라 늘어놓을 때,
$$_n\mathrm{P}_r=n(n-1)\ \cdots\cdots\ (n-r+1)(\text{가지})$$

서로 다른 n개의 물건 중에서 r개를 뽑아내는 것은
$$_n\mathrm{C}_r=\dfrac{_n\mathrm{P}_r}{_r\mathrm{P}_r}(\text{가지})$$

확률$=\dfrac{\text{어떤 일이 일어날 경우의 수}}{\text{일어날 수 있는 모든 경우의 수}}$

기댓값$=\{(\text{상금})\times(\text{확률})\}$의 합

선대칭 도형에서 대응하는 두 점을 잇는 선분은, 대칭축이 수직으로 2등분한다.
점대칭 도형에서 대응하는 두점을 잇는 선분은, 대칭의 중심을 지나며 대칭의 중심이 2등분한다.

작도는 자와 컴퍼스만으로 그린다.

두 점을 잇는 최단 거리는 두 점을 잇는 선분의 길이이다.

자, 내일은 새로 짝을 정하는 날이에요.
제비뽑기로 여학생이 남학생 짝을 정하기로 해요.
와
어렵게 양돌이랑 짝궁했는데 벌써 바꾸다니
양순아, 표정이 왜 그래?
어? 아무것도 아니야.
그나저나 짝 말이야...그냥 너랑 계속 짝 했으면 좋겠는데...
어머 정말?
그런데 너랑 짝이 될 확률이 얼마나 될까?
내가 양돌이를 뽑을 확률은……, 우리반 남학생 10명이니깐…….
내가 제일 먼저 뽑으면 10분의 1! 10%네!
하지만 마지막에 뽑으면 $\frac{1}{10} \times \frac{1}{10}$ 해서 100분의 1! 으앙!
아니지 이 바보야!
확률은 뽑는 순서에 따라 달라지지 않아!
확률 = 양돌이를 뽑을 경우의 수 / 모든 경우의 수
=> $\frac{1 \times 9!}{10!} \times \frac{1 \times 9!}{10 \times 9!}$
= $\frac{1}{10}$
아자!
짝 바꾸기는
다음달에 하기로 해요. 짝이랑 더 친해지세요.
와!

51 | 원의 지름

원은 중심을 지나는 선(지름)을 대칭축으로 하는 선대칭 도형이다.

예제 둥그런 접시의 지름을 재고 싶은데 중심을 알 수가 없습니다. 어떻게 하면 중심을 알 수 있을까요?

원의 지름은 **중심을 지나는 가장 긴 현**이니 가장 길어 보이는 곳을 어림잡아서 찾을 수도 있지만 정확하지 않습니다. 여기서는, 원은 선대칭 도형이라는 점을 이용합니다.

원을 종이에 옮겨 그린 다음 원둘레 위에 세 점을 찍어 연결하여 두 개의 현을 만듭니다. 네 개의 점을 잡아서 두 개의 현을 만들어도 상관없습니다.

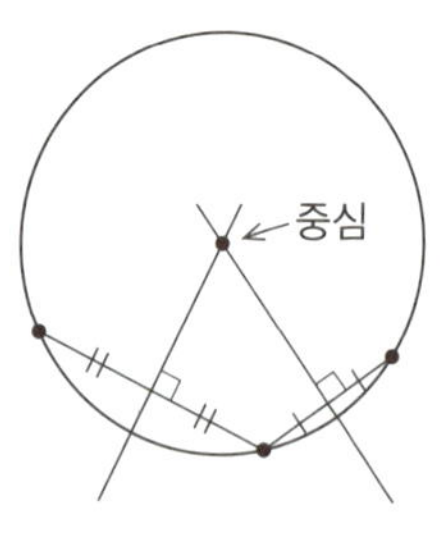

원은 선대칭 도형이기 때문에 두 현은 중심을 지나는 수선으로 2등분됩니다. 따라서 **두 현의 수직이등분선의 교점**이 구하는 중심이 됩니다. 중심을 찾은 다음 중심을 지나는 직선을 그리면 지름이 됩니다. 지름의 길이도 구할 수 있습니다.

현을 오른쪽 그림처럼 이동해 나가면 원과의 교점이 하나가 됩니다. 이 직선을 **접선**, 접하는 점을 **접점**이라고 합니다.

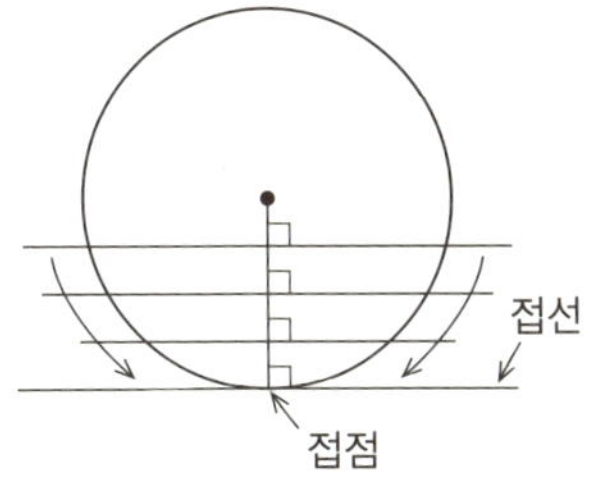

원의 지름은 현의 수직이등분선이니 **원의 접선은 접점을 지나는 반지름과 수직**을 이룬다고 할 수 있습니다. 이것을 이용하여 접점을 지나는 접선을 작도해 봅시다. 접점을 지나는 수선을 그리면 되니, 오른쪽 그림과 같은 순서대로 작도하면 됩니다. **중심과 접점을 잇는 선을 연장한 다음, 접점을 지나는 수선을 긋는다**는 것이 포인트입니다.

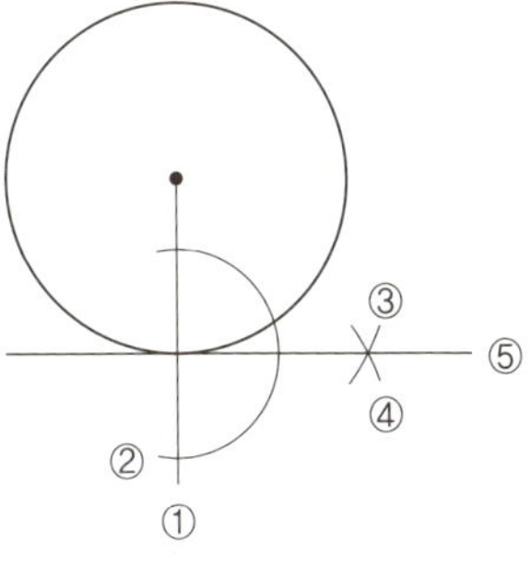

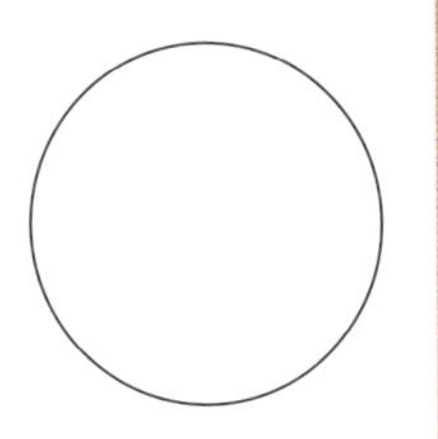

오른쪽 원의 중심을 작도로 구해 봅시다.

# 52 | 원과 부채꼴

부채꼴 모양의 넓이 $= \dfrac{1}{2} \times$ (호의 길이) $\times$ (반지름)

 오른쪽 부채꼴의 넓이를 구해 봅시다.

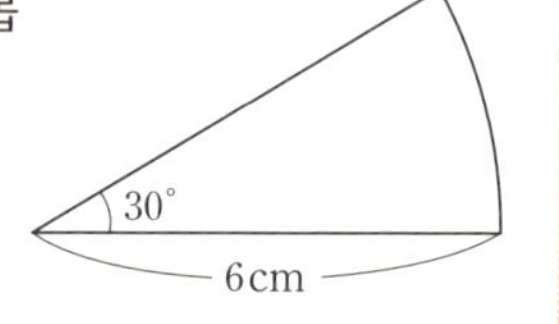

초등학교 때 원의 넓이는 아래 그림처럼 생각해서 구하라고 배웠습니다. 기억하고 계십니까?

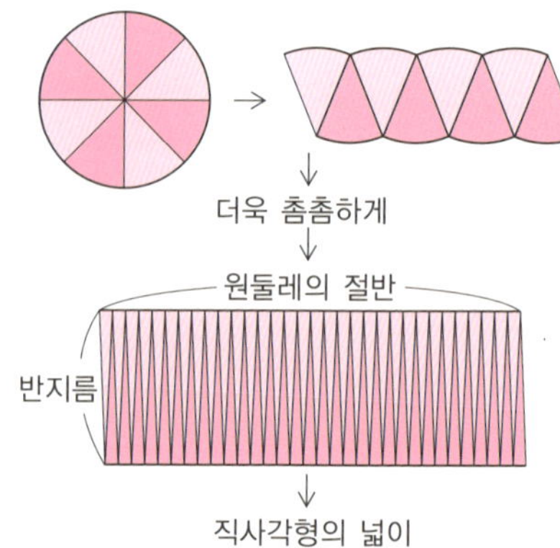

원의 넓이는 3.14×(반지름)×(반지름)으로 계산할 수 있다는 사실도 배웠습니다. 중학생이 된 뒤에는 원주율을 π(**파이**)라고 한다는 사실을 배웠고, 원의 넓이를 S, 원의 반지름을 r이라고 한다면 $S=\pi\times r^2$이라는 사실도 배웠습니다.

부채꼴의 넓이는 중심각의 크기를 $a°$라고 하고 원과의 비율을 생각해서 $S=\pi r^2\times\dfrac{a}{360}$로 구합니다. 예제의 답은 $\pi\times6^2\times\dfrac{30}{360}=3\pi\,(\mathrm{cm}^2)$입니다.

한편 부채꼴의 넓이는 원의 넓이를 구할 때처럼 매우 촘촘하게 잘라서 겹쳐 놓으면 세로 r, 가로 $\dfrac{1}{2}l$인 직사각형의 넓이와 같다는 사실을 알 수 있습니다. 다시 말해서 부채꼴의 넓이를 구하는 방법에는 $S=\dfrac{1}{2}lr$도 있습니다. 부채꼴의 반지름과 호의 길이가 주어졌을 때는 $S=\dfrac{1}{2}lr$을 사용하면 계산하기 편합니다.

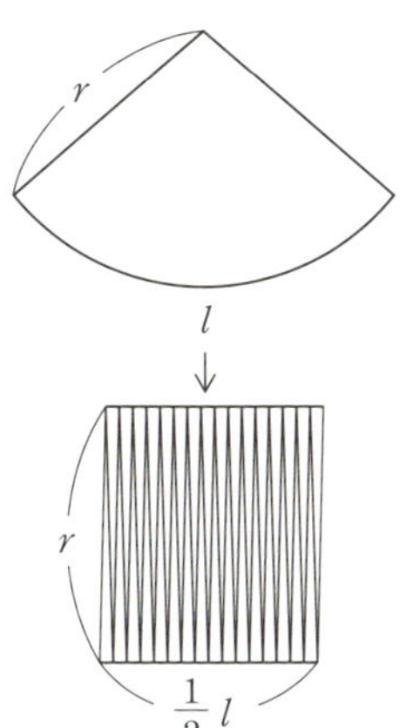

이 식은 삼각형의 넓이를 구하는 공식인 $\dfrac{1}{2}\times$ 밑변$\times$ 높이와 비슷합니다.

반지름 6cm, 호의 길이 4cm인 부채꼴의 넓이를 구해 봅시다.

53 원주각의 정리

예제 오른쪽 그림에서 $\angle x$의 크기를 구해 봅시다.

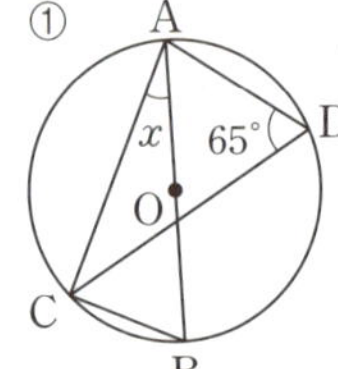

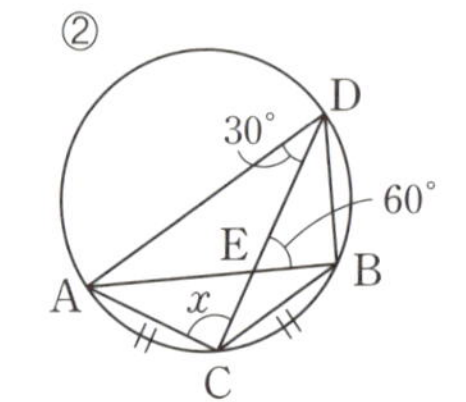

원주각이란 원둘레 위의 한 점에서 그 점을 포함하지 않는 원둘레 위의 다른 두 점으로 각각 선분을 그었을 때 그 **두 개의 선분이 이루는 각**을 말합니다.

①에서 **AB는 중심을 지나는 현**, 즉 **지름**이니 호 ADB에 대해 중심각인 $\angle AOB$는 $180°$입니다. **같은 호에 대해서 원주각은 중심각의 $\frac{1}{2}$**이기 때문에 $\angle ACB = 90°$입니다. 그리고 $\angle ABC$와 $\angle ADC$는 모두 호 AC의 원주각입니다. **같은 호에 대해서 원주각은 같기** 때문에, $\angle ABC = \angle ADC = 65°$입니다. $\triangle ACB$에 주목하여 **삼각형의 내각의 합은 180°**이므로, $\angle x = 180° - (90° + 65°) = 25°$입니다.

②에서 호 AC=호 CB인데 같은 호에 대한 원주각은 같으니,

∠ADC＝∠CDB＝∠CAB＝30°입니다. △EAC에 주목하여 **삼각형의 내각의 합은 180°**이므로 ∠x＝180°－(30°＋60°)＝90°입니다.

그리고 원의 안쪽에 꼭 맞게 들어가는 사각형(원에 내접하는 사각형이라고 합니다)에는 **'마주 보고 있는 각의 합은 180°',** "하나의 내각은 그 대각의 외각과 같다."는 관계가 있습니다.

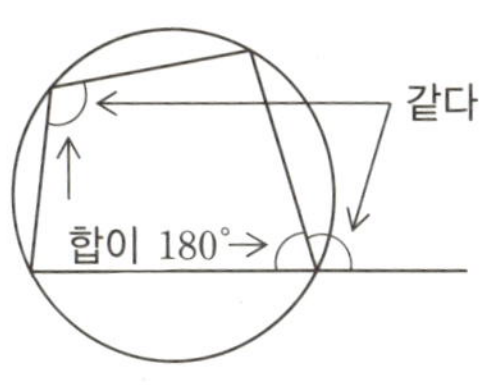

이들 원주각의 정리는 역도 성립하기 때문에 "하나의 각의 크기가 같고 그 대변을 공유하는 두 개의 삼각형의 꼭짓점은 같은 원둘레 위에 있다.", "마주 보고 있는 각의 합이 180°인 사각형은 원에 내접한다."고도 말할 수 있습니다.

연습문제

다음 그림에서 ∠x의 크기를 구해 봅시다.

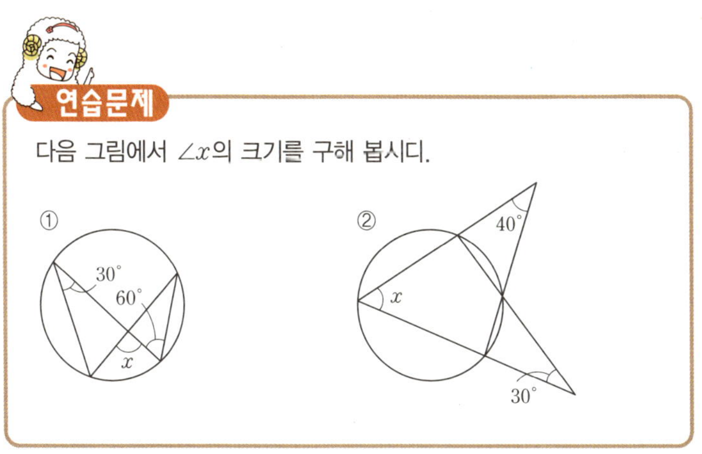

54 | 접현 정리

원의 접선과 그 접점을 지나는 현이
만드는 각은 그 각의 내부에 있는
호에 대한 원주각과 같다.

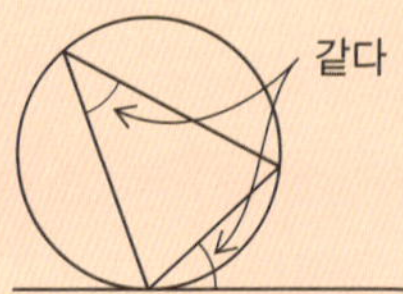

예제 오른쪽 그림에서 $\angle x$의 크기는
몇 도일까요?

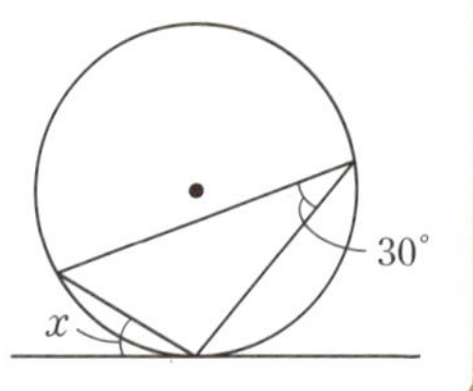

앞 단원에서, **원에 내접하는 사각형에서 하나의 내각은 그 대각**('내대각'이라고 합니다)**의 외각과 같다**고 했습니다.

그런데 오른쪽 그림에서처럼 점 P를 점 A로 접근시켜 가면 어떻게 될까요? 옆의 그림처럼 됩니다.

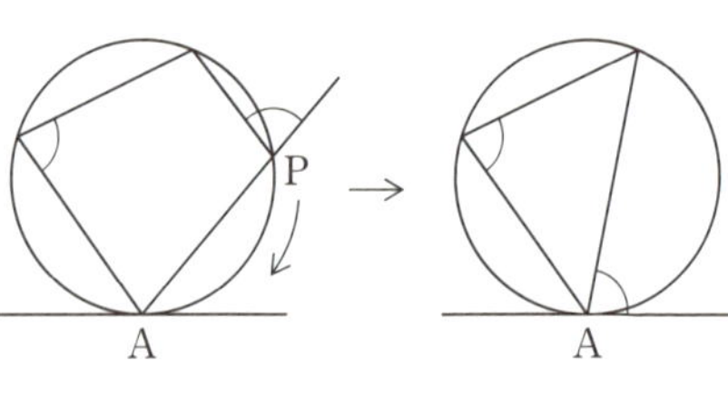

원의 접선과 그 접점을 지나는 현이 만드는 각은 그 각의 내부에 있는 호에 대한 원주각과 같다는 접현 정리는 다음과 같이 증명

할 수 있습니다.

AQ가 지름이 되도록 점 Q를 잡으면,

∠ABQ=90°이므로,

∠AQB=90°−∠QAB가 됩니다.

그리고 AT가 원 O의 접선이므로,

∠QAT=90°이고

∠BAT=90°−∠QAB이므로

∠AQB=∠BAT이고

∠APB=∠AQB이므로 ∠APB=∠BAT입니다.

따라서 **원의 접선(AT)과 그 접점(점 A)을 지나는 현(AB)이 만드는 각(∠BAT)은 그 각의 내부에 있는 호에 대한 원주각(∠APB)과 같다**고 할 수 있습니다.

작도를 할 때와 마찬가지로 **도형 위의 점을 이동한 결과를 통해서 추측해 보는** 조작은 매우 중요합니다. 일상생활에 필요한 **다양한 정보를 종합하여 판단하는 힘**을 기를 수 있습니다.

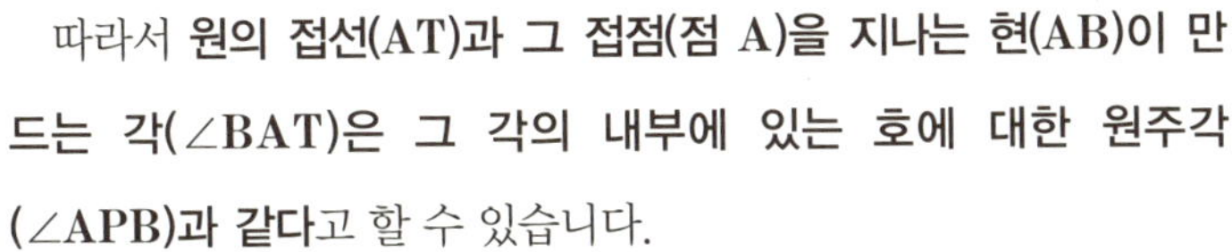

연습문제

다음 그림의 ∠x와 ∠y를 구해 봅시다.

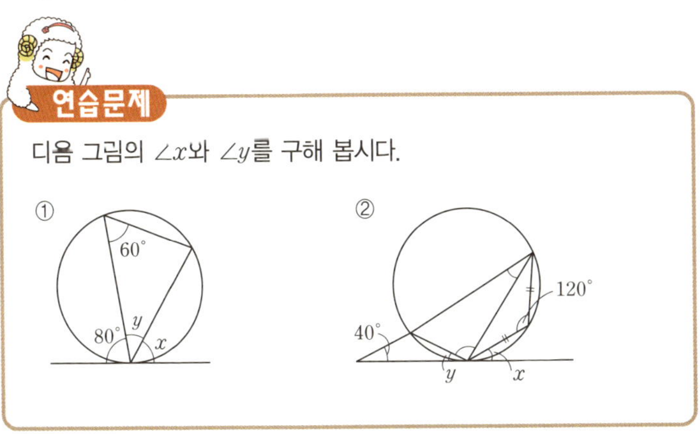

공식

원에 외접하는 사각형의 변의 길이에는 다음과 같은 관계가 있다.

$$AB+CD=BC+DA$$

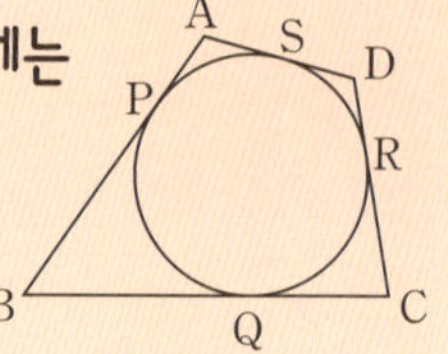

예제 원 밖의 점 A에서 원 O로 접선을 그었을 때 $AT = AT'$가 된다는 사실을 증명해 봅시다.

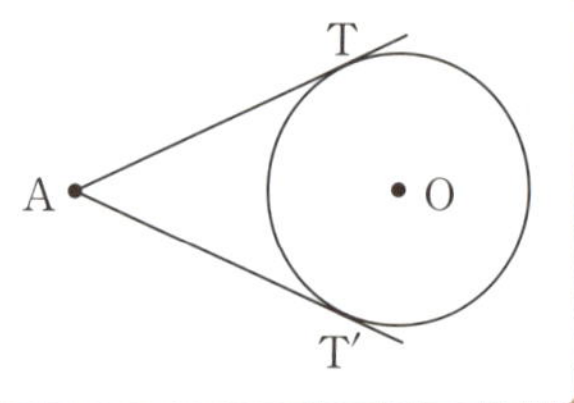

작도 문제에서 '만약 그린다면 ……'이라고 가정하고 어떤 일이 일어날까를 생각해 보면 작도 순서를 알게 되는 경우가 있습니다. 여기서는 **접선을 그으면 어떻게 될까**를 생각해 보기로 합시다. T를 지나는 접선을 그으면 오른쪽 그림에서처럼 $\angle OTA = 90°$이기 때문에 이것을 원주각으로 하는 **OA를 지름으로 하는 원**을 그리면 된다는 사실을 알 수 있습니다. 이때, 원은 지름에 대해서 선대칭 도형이므로 $\triangle ATT'$은 AT, AT'를 같은 변으로 하는 이등변삼각형이 된다는

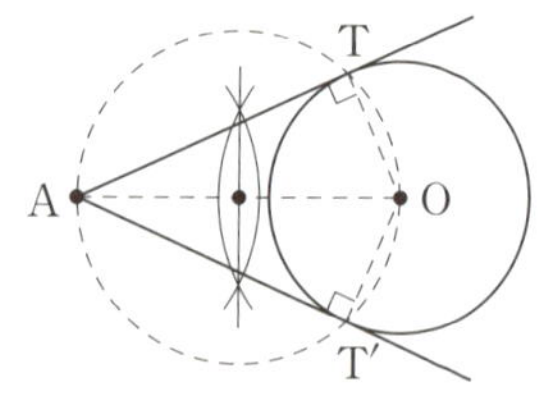

사실을 알 수 있습니다. 다시 말해서 **원 밖의 한 점에서 그은 접선의 길이는 같다**고 할 수 있습니다.

이것을 바탕으로 공식을 생각해 보겠습니다. $AB+CD=AP+BP+CR+DR$입니다. 그리고 $BC+DA=BQ+CQ+DS+AS$입니다. $AP=AS$, $BP=BQ$, $CQ=CR$, $DR=DS$이므로 $AB+CD=BC+DA$라고 할 수 있습니다.

한편 오른쪽 그림에서처럼 삼각형이 원에 외접해 있을 때 AP의 길이는 $\dfrac{AB+AC-BC}{2}$로 구할 수 있습니다.

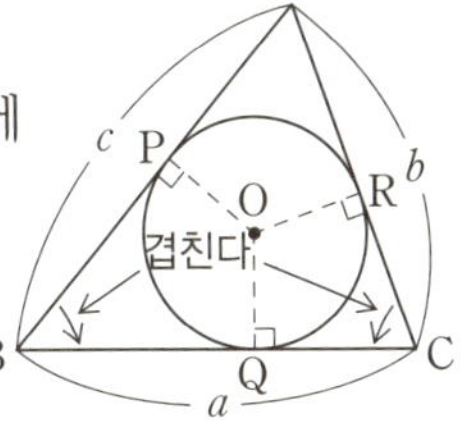

이것은 $AP=AR$, $BP=BQ$, $CQ=CR$이므로,

$AB+AC-BC$

$=AP+BP+AR+CR-(BQ+CQ)$

$=AP+BP+AP+CR-BP-CR$

$=2AP$가 된다는 사실을 알 수 있습니다.

다시 말해서 **한 개의 꼭짓점에서 접점까지의 길이는 그 꼭짓점을 포함한 두 변의 길이에서 대변의 길이를 빼서 2로 나누면 됩니다.**

연습문제

다음 x의 값을 구해 봅시다.

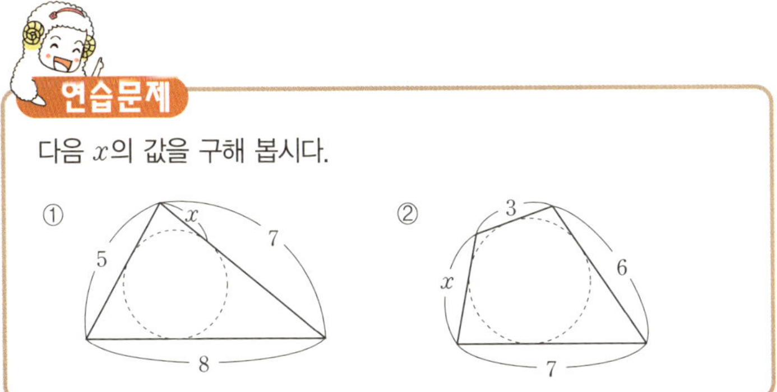

56 평행선과 각

평행한 두 직선 l, m과 다른
한 직선 n이 교차할 때
• 동위각, 엇각은 같다.
• 동측내각의 합은 180°이다.

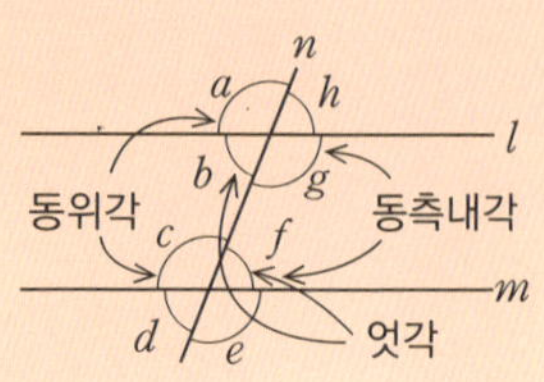

예제 다음 그림에서 $l /\!/ m$일 때, $\angle x$의 크기를 구해 봅시다.

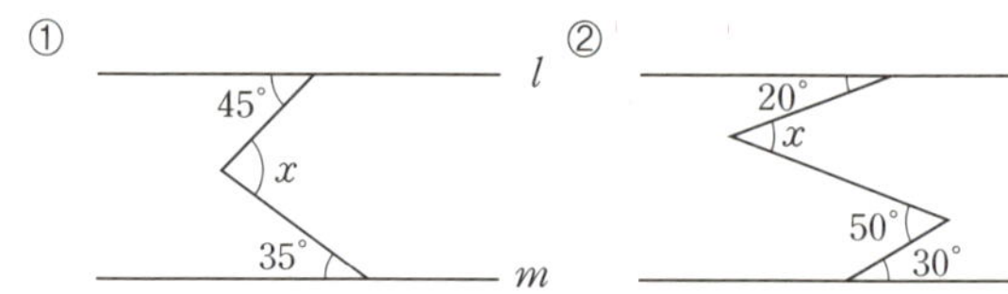

도형의 내각을 구할 때 유용한 것이 **보조선**입니다. 예제 ①에서
는 다음과 같이 **보조선**을 그리면 $\angle x$의 크기를 구할 수 있습니다.

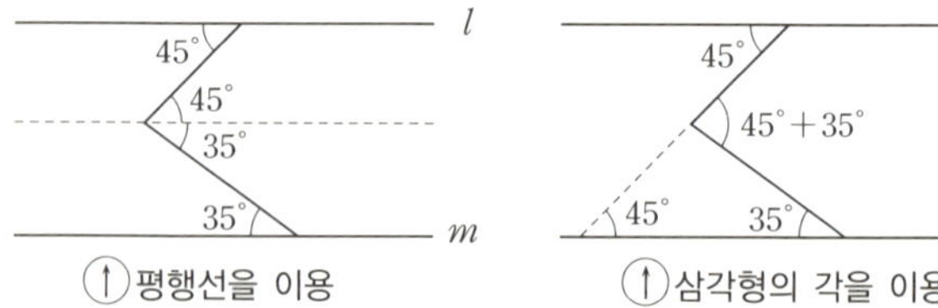

↑ 평행선을 이용 　　　　↑ 삼각형의 각을 이용

56

예제 ②에서는 **l의 평행선** 두 개를 그리면 됩니다.

①의 답은 75°, ②의 답은 40°입니다.

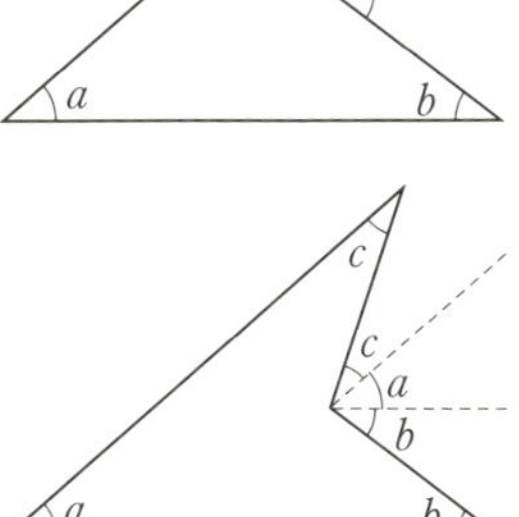

평행선이 눈에 보일 때만 **동위각, 엇각**을 이용할 수 있는 것은 아닙니다. 스스로 평행선을 그어서 적극적으로 동위각과 엇각을 만들어 봅시다. "어려운 상황을 타파하기 위해서 이리저리 움직여 본다." 실생활에서도 활용할 수 있는 방법이 아니겠습니까?

오른쪽 그림과 같은 경우를 생각해 봅시다. $\angle x$의 크기를 아시겠습니까? 어디에도 평행한 선은 없습니다. 자, 어떻게 하면 될까요?

비교하고 싶은 각을 평행선을 사용하여 이동시켜서 **동위각, 엇각**을 만들어 보면……,

$\angle x = a + b + c$입니다.

연습문제

다음 그림에서 $\angle x$의 크기를 구해 봅시다. ($l \,/\!/\, m$)

①

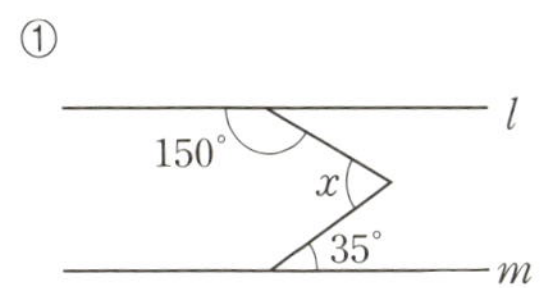

②

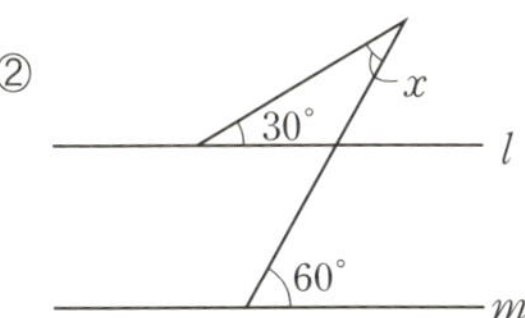

57 | 다각형 내각의 합, 외각

n각형의 내각의 합은 $180° \times (n-2)$이다.

예제 다음 그림에서 $\angle x$의 크기를 구해 봅시다.

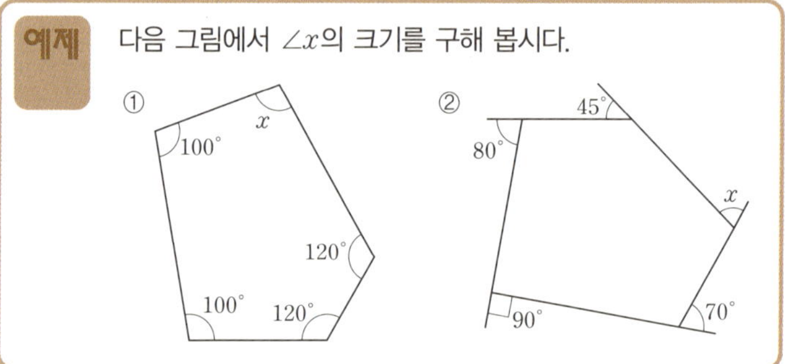

예제 ①의 오각형은 오른쪽 그림처럼 하나의 꼭짓점에서 두 개의 대각선을 그으면 세 개의 삼각형으로 나눌 수 있습니다.

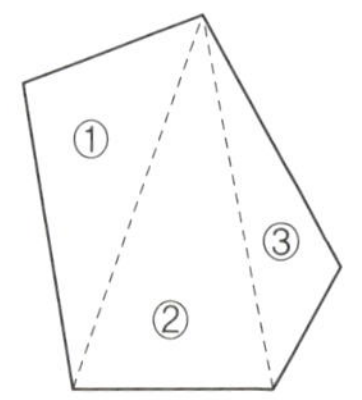

삼각형 내각의 합은 $180°$이므로 **오각형 내각의 합**은 $180° \times 3 = 540°$가 되기 때문에 $\angle x$의 크기는 $540° - (100° + 100° + 120° + 120°) = 100°$로 구할 수 있습니다.

그렇다면 **n각형의 내각의 합**을 구하는 공식을 검증해 보기로 합시다.

n각형의 경우 하나의 꼭짓점에서 그은 대각선에 의해서 $(n-2)$개의 삼각형으로 나누어지는데 **삼각형의 내각의 합은 180°**이니, **$180° \times (n-2)$**가 됩니다.

그렇다면 예제 ②와 같은 **외각**에는 어떤 관계가 있을까요? **다각형의 외각의 합은 360°**입니다. 십각형도 이십각형도 외각의 합은 360°입니다.

이것은 오른쪽 그림처럼 다각형의 변을 따라서 연필을 전진시켜 나갔을 때 꼭짓점에서 회전하는 각을 전부 더하면 360°가 된다는 사실로도 이해할 수 있을 것입니다. 다시 말해서 ②에서는 $360° - (45° + 80° + 90° + 70°) = 75°$가 됩니다.

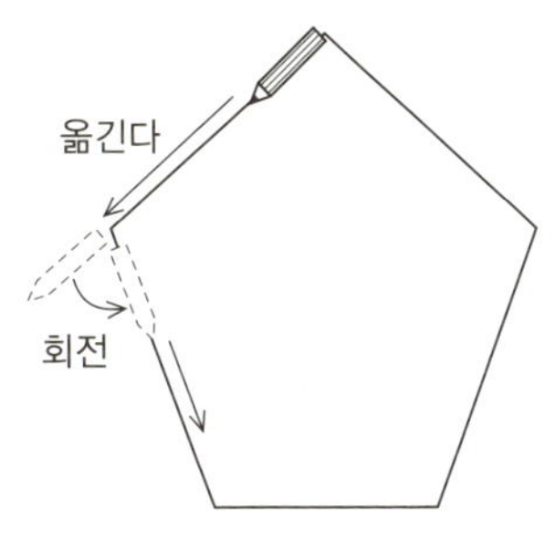

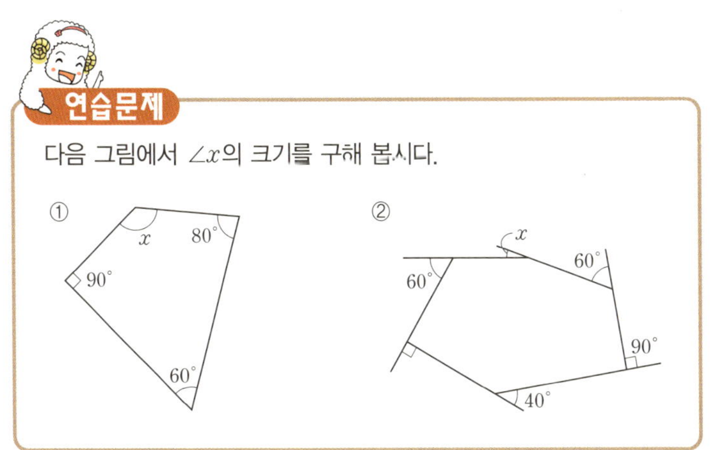

공식

삼각형의 한 외각은 그것과 이웃하지 않는 두 내각의 합과 같다.

예제 오른쪽 그림에서 $a+b+c+d+e$ 의 값을 구해 봅시다.

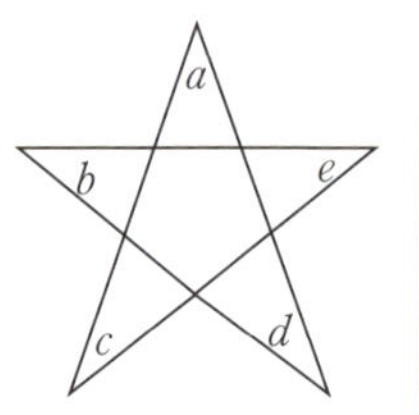

별 모양의 각도를 구하는 문제입니다. 혹시 각도기를 꺼냈다면 그것은 반칙입니다. 계산으로 구하기 바랍니다.

이 문제는 오른쪽 그림처럼 **삼각형의 한 외각은 그것과 이웃하지 않는 두 내각의 합과 같다**는 점을 이용하여 $a+c$, $b+e$로 보고, 하나의 삼각형으로 각도를 모으면 됩니다.

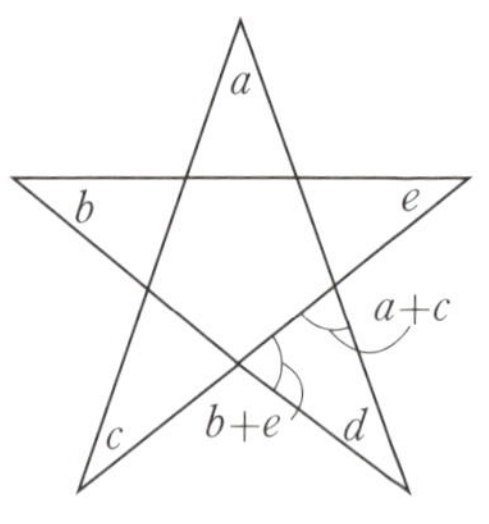

$a+b+c+d+e$는 삼각형 내각의 합이 됩니다. 180°입니다. 이 **삼각형의 한 외각은 그것과 이웃하지**

않는 두 내각의 합과 같다는 사실은, **삼각형 내각의 합은 $180°$**라는 사실과 함께 각도의 세계에서는 매우 자주 이용됩니다. 기억해 두기 바랍니다.

한편 예제는 오른쪽 그림처럼 보조선을 그어서도 구할 수 있습니다.

정답으로 가는 길은 하나가 아닙니다!

이것도 인생을 살아가는 데 필요한 하나의 교훈입니다.

수학도 깊이가 있는 학문입니다.

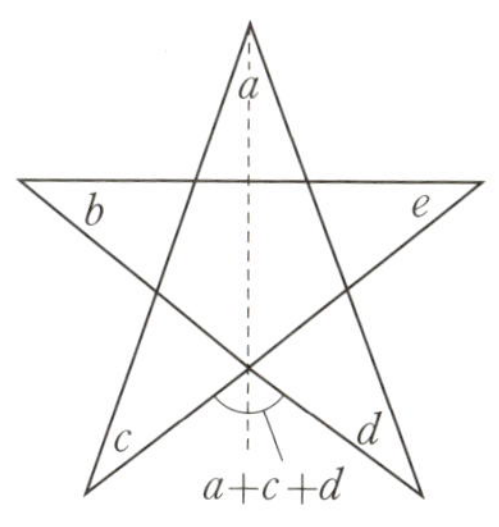

연습문제

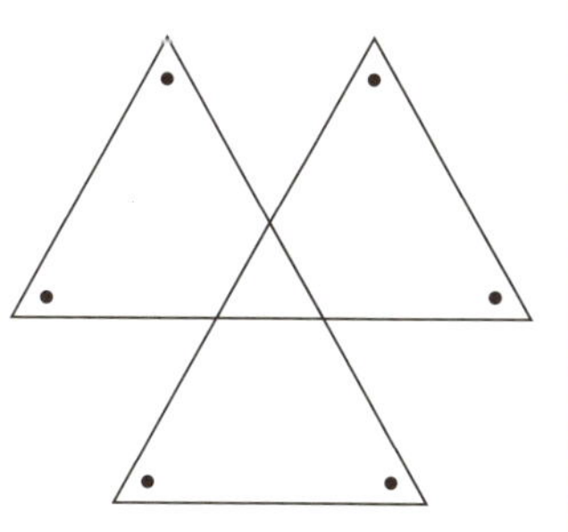

다음 그림과 같은 도형에서 점을 찍은 곳의 각의 합을 구해 봅시다.

$$n\text{각형 대각선의 수는 } \frac{n(n-3)}{2} \text{ (개)}$$

예제 십이각형 대각선의 수를 구해 봅시다.

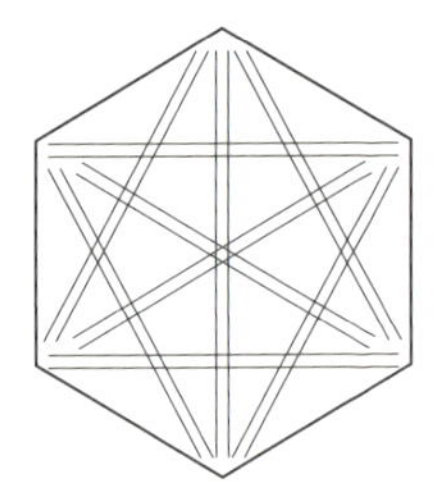

다각형의 **대각선**이란 **이웃하지 않은 두 개의 꼭짓점을 잇는 선분**을 말합니다.

n각형의 한 꼭짓점에서 그 꼭짓점 자신과 양 옆에 있는 꼭짓점 이외의 꼭짓점으로 대각선을 그을 수 있기 때문에 하나의 꼭짓점에서 그을 수 있는 대각선은 **($n-3$)개**입니다. 따라서 모든 꼭짓점에서 그을 수 있는 대각선의 수는 **$n \times (n-3)$개**입니다. 그런데 모든 꼭짓점에서 대각선을 그으면 그림에서처럼 한 개의 대각선을 두 번 긋게 됩니다. 따라서 $n(n-3)$을 2로 나누어 $\frac{n(n-3)}{2}$으로 구하는 것입니다. 예제의 답은 54개입니다.

다른 방법을 생각해 보겠습니다. n개의 꼭짓점에서 대각선을 그리기 위해 두 개의 꼭짓점을 뽑는 **조합**이라고 생각해 보기로 하겠습니다. 그러면 $_nC_2 = \dfrac{n(n-1)}{2}$ 이 됩니다. 그런데 여기에는 대각선뿐만 아니라 변까지도 포함이 됩니다. 따라서 변의 수를 빼야 합니다. 변의 수는 n각형인 경우 n개이기 때문에 $\dfrac{n(n-1)}{2} - n = \dfrac{n(n-3)}{2}$(개)입니다.

야구나 축구 등에서 리그 전을 행할 때 총 시합 수를 바로 알 수 있습니까? 대각선을 긋기 위해 고른 꼭짓점의 수나 야구나 축구에서 대전하는 팀의 숫자 모두 2가 되기 때문에 같은 방법으로 계산하면 됩니다. 팀 수를 n이라고 한다면 총 시합 수는 $_nC_2 = \dfrac{n(n-1)}{2}$ 로 구할 수 있습니다.

그렇다면 토너먼트 전을 치를 때의 총 시합 수는 어떻게 될까요? 10팀인 경우에는 9시합, 47팀인 경우에는 46시합입니다. 토너먼트에서는 한 시합 당 한 팀씩 떨어져 나갑니다. 마지막으로 남는 것은 한 팀뿐. 나머지 팀은 전부 지게 됩니다. 47팀이 참가한 토너먼트라면 46팀은 언젠가는 지게 됩니다. 46팀이 지려면 46시합이 필요합니다. 따라서 n팀이 참가한 토너먼트 전의 총 시합 수는 $(n-1)$시합입니다.

연습문제

① 팔각형의 대각선 수는 몇 개일까요?

② 대각선의 개수가 27개인 다각형은 몇각형일까요?

③ 어떤 축구 리그에 소속 팀이 총 18팀입니다. 리그의 총 시합 수는 얼마일까요? 홈과 어웨이를 구별하여 계산해 봅시다.

정리

삼각형의 합동조건
1. 세 변이 각각 같다.
2. 두 변과 그 사이의 각이 각각 같다.
3. 한 변과 그 양 끝의 각이 각각 같다.

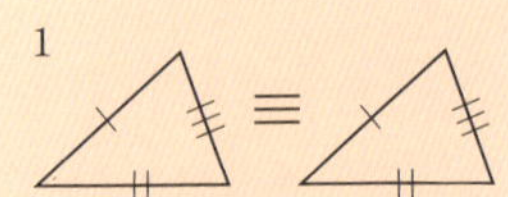

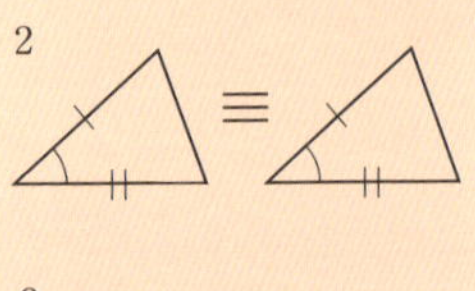

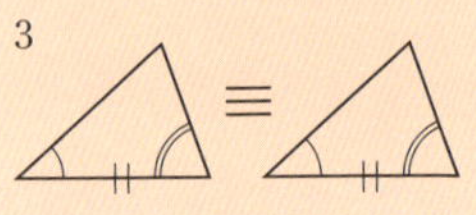

다음 그림과 같은 삼각형에서 합동인 삼각형은 어느 것과 어느 것일까요?

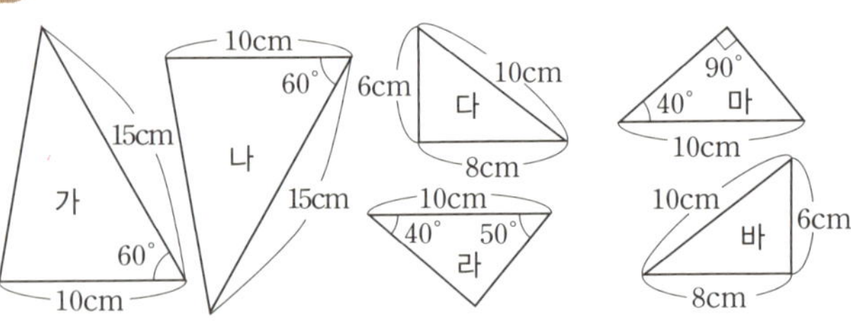

60 삼각형의 합동조건

　삼각형의 합동조건, 반갑지 않습니까? 그중 하나가 **두 변과 그 사이의 각이 각각 같을 때**입니다.

　자, 합동조건입니다. '두 변과 그 사이의 각이 각각 같을 때'……, 그게 어쨌다고? 라고 하실지 모르겠지만, 이것은 두 변과 그 사이의 각이 서로 같은 두 삼각형은 꼭 겹친다는 뜻입니다. 그리고 두 변과 그 사이의 각만 일정하면 그 삼각형은 모두 똑같습니다.

　예제에서는 가와 나가 **두 변과 그 사이의 각이 각각 같기 때문에** 합동, 다와 바가 **세 변이 각각 같기 때문에** 합동, 라와 마가 **한 변과 그 양 끝의 각이 각각 같기 때문에** 합동입니다. 마는 나머지 각을 계산하여 구하면 됩니다.

연습문제

다음 도형 중에서 합동인 도형은 어느 것일까요?

가. 한 변이 같은 정삼각형
나. 밑각이 같은 이등변삼각형
다. 중심각이 같은 부채꼴

원은 중심을 지나는 선(지름)을 대칭축으로 하는 선대칭 도형이다.

(부채꼴 모양의 넓이)$=\dfrac{1}{2}\times$(호의 길이)$\times$(반지름)

같은 호에 대한 원주각의 크기는 같으며 중심각의 $\dfrac{1}{2}$이다.

원의 접선과 그 접점을 지나는 현이 만드는 각은
그 각의 내부에 있는 호에 대한 원주각과 같다.

원에 외접하는 사각형의 변의 길이에는 다음과 같은
관계가 있다.
$$AB+CD=BC+DA$$

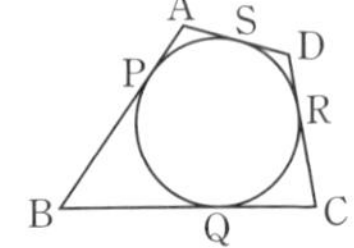

평행한 두 직선 l, m과 다른 한 직선 n이 교차
할 때
- 동위각, 엇각은 같다.
- 동측내각의 합은 $180°$이다.

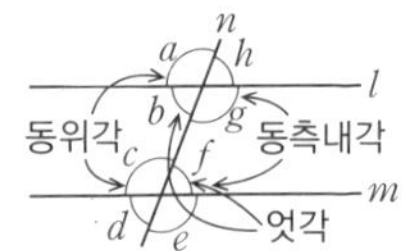

n각형의 내각의 합은 $180°\times(n-2)$이다.

삼각형의 한 외각은 그것과 이웃하지 않는 두 내각의 합과 같다.

n각형 대각선의 수는 $\dfrac{n(n-3)}{2}$(개)

삼각형의 합동조건
1. 세 변이 각각 같다.
2. 두 변과 그 사이의 각이 각각 같다.
3. 한 변과 그 양 끝의 각이 각각 같다.

자자, 뽑기가 공짜예요. 공짜!
아저씨 정말이에요?
그럼~넌 속고만 살았니?
대신 말이다. 자기가 뽑은 도형의 각을 구해야 된단다~!
에예!
에이! 사기다, 사기 안 먹고 만다!
저, 저런 나쁜 몽키 같으니라고!
아저씨, 제가 뽑아 볼게요.
오~너 수학 좀 하는구나?
그런건 아닌데 전~ 뽑기를 너무 먹고 싶을뿐이고, 그런데~돈이 없을 뿐이고......
자 옜다. 모든 각의 합을 구해봐라
히히, 아마 못 풀걸?
윽! 별모양 이잖아......
눈 앞에 있는 맛있는걸 놓칠순 없지!
180도요. 풀이 과정은 이래요.
혁! 맞았다.
아이그, 내 돈!
수학공식 7일 만에 끝내기

61 직각삼각형의 합동조건

직각삼각형의 합동조건

1. 빗변과 한 예각이 각각 같다.

2. 빗변과 다른 한 변이 각각 같다.

오른쪽과 같은 이등변삼각형에서 꼭짓점 $\angle A$의 이등분선을 AD라고 할 때, BD＝CD, $\angle ADB＝\angle ADC＝90°$가 된다는 사실을 증명해 봅시다.

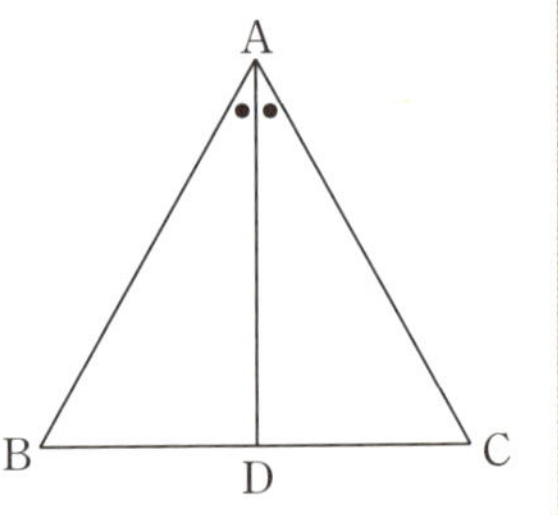

이등변삼각형이란 다음과 같은 삼각형입니다.

① 두 변이 같은 삼각형(정의)

② 두 밑각이 같은 삼각형

③ 꼭짓점의 이등분선은 밑변을 수직으로 이등분한다.

예제는 ③ **꼭짓점의 이등분선은 밑변을 수직으로 이등분한다**를 증명하는 문제입니다. △ABD와 △ACD에 주목하시기 바랍니다. △ABC는 이등변삼각형이기 때문에 AB=AC, ∠ABD=∠ACD 입니다. 그리고 꼭짓점 A의 이등분선이라고 가정했기 때문에 ∠BAD=∠CAD라고 할 수 있습니다. 이처럼 **한 변과 그 양 끝의 각이 각각 같기 때문에** △ABD≡△ACD입니다. 따라서 BD= CD, ∠ADB=∠ADC=90°입니다.

∠ADB=∠ADC=90°라면 △ABD와 △ACD는 **직각삼각형**이라는 사실을 알 수 있습니다. 따라서 직각삼각형의 합동조건을 사용할 수 있습니다. 빗변 AB, AC가 같고 ∠BAD=∠CAD(하나의 예각)이나 AD=AD(다른 한 변)라고 할 수 있다면 △ABD≡△ACD라고 할 수 있게 됩니다.

연습문제

오른쪽 그림처럼 ∠A=90°인 직각이등변삼각형의 꼭짓점 A를 지나는 직선 l에 점 B, C에서 수선 BD, CE를 그었습니다. 그러면 이때 BD+CE=DE가 된다는 사실을 증명해 보십시오.

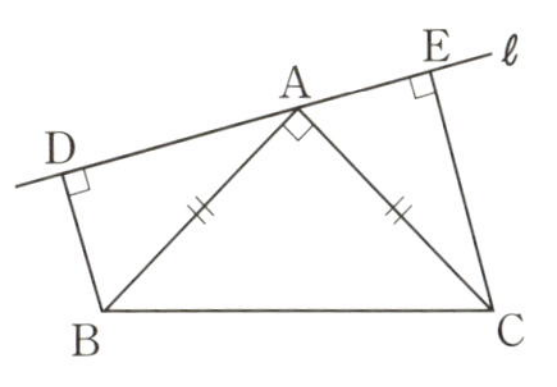

정리

다음의 성질 중 어느 하나를 가진 사각형은 평행사변형이다.

① 두 쌍의 마주 보는 변이 각각 평행이다(정의).
② 두 쌍의 마주 보는 변이 각각 같다.
③ 두 쌍의 마주 보는 각이 각각 같다.
④ 한 쌍의 마주 보는 변이 같고 평행이다.
⑤ 대각선이 각각의 중점에서 만난다.

 **예제** 오른쪽 각을 이용하여 평행사변형을 그려 봅시다.

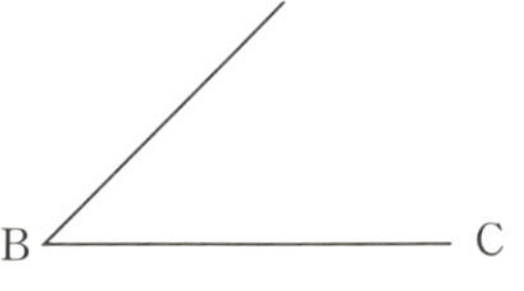

평행사변형은 **두 쌍의 마주 보는 변이 각각 평행인 사각형**을 말하는 것이니 오른쪽 그림처럼 두 변의 평행선을 그리면 된다는 사실을 알 수 있습니다.

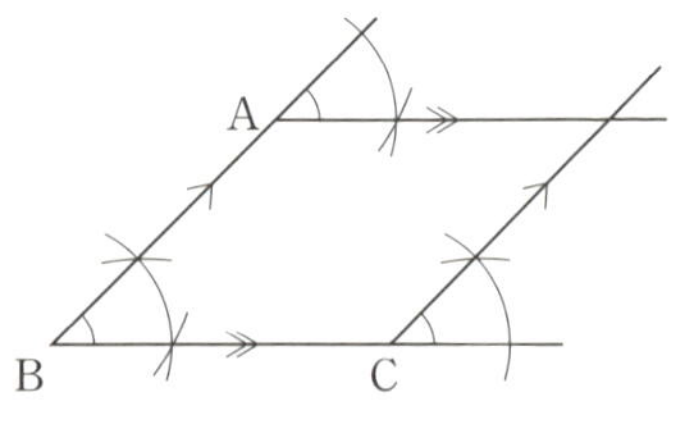

146

①~⑤ 중 **어느 하나만 증명할 수 있으면 그 사각형은 평행사변형**이라고 할 수 있습니다. 따라서 "사각형 ABCD가 평행사변형이라는 사실을 증명하시오."라는 문제가 나오면 ①~⑤ 중 어느 하나의 조건에 해당한다는 사실만 증명하면 됩니다.

사각형에는 어떤 것들이 있는지 아십니까? **사다리꼴, 평행사변형, 마름모꼴, 직사각형, 정사각형**이 있습니다. 이들 사각형은 변의 길이와 각의 크기

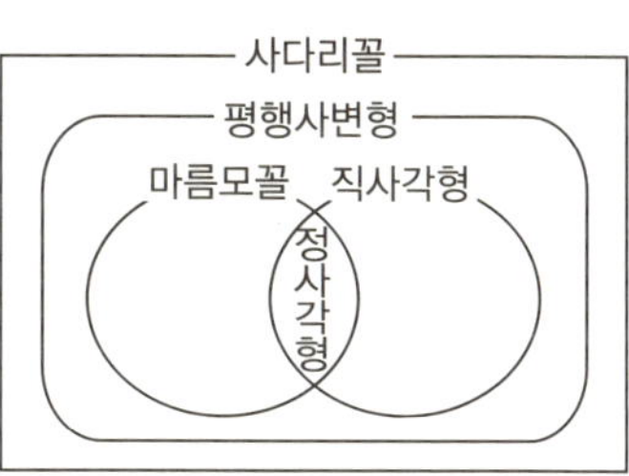

에 따라서 오른쪽 그림과 같은 관계를 갖고 있습니다. 예를 들어서 **사다리꼴**은 **한 쌍의 마주 보는 변이 평행한 사각형**입니다. 여기에 **또 한 쌍의 마주 보는 변도 평행**이라는 조건이 더해지면 **두 쌍의 마주 보는 변이 각각 평행**이 되기 때문에 그 사각형은 **평행사변형**이 됩니다.

연습문제

오른쪽 평행사변형에 어떤 조건을 더하면 마름모꼴, 직사각형, 정사각형이 될까요?

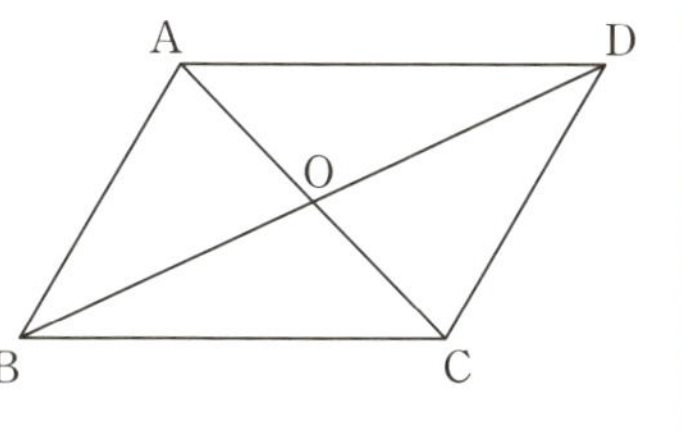

63 | 등적 변형

$PQ /\!/ AB$라면

$\triangle PAB = \triangle QAB$

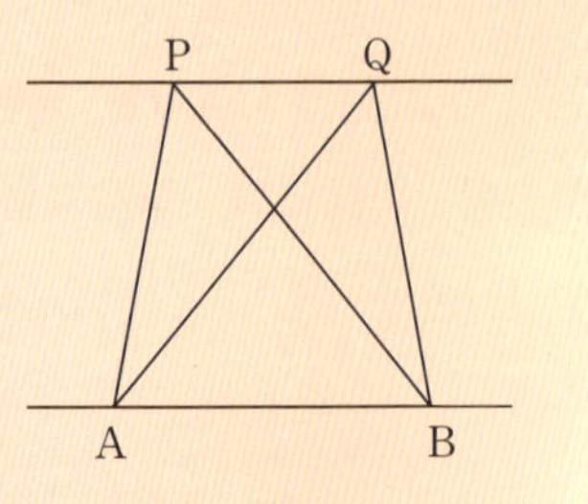

 예제 오른쪽 사각형과 같은 넓이의 삼각형을 그려 봅시다.

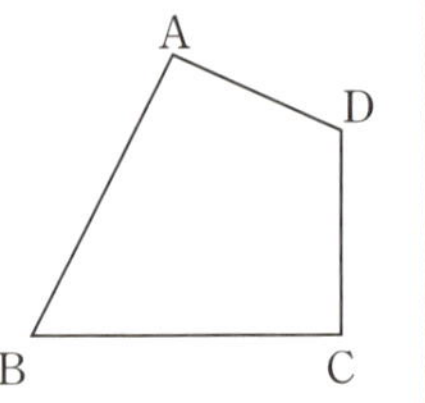

　"오른쪽의 사각형과 같은 넓이의 삼각형이라니, 가장 중요한 사각형의 넓이는 대체 어떻게 구하면 되는 거야!"라고 생각하신 분. 그런 생각이 드는 것도 당연합니다. 밑변도, 높이도 주어져 있지 않기 때문에 넓이를 구하고 싶어도 구할 수가 없습니다. 사실 이 문제는 넓이를 계산하는 문제가 아니라 작도 문제입니다. 사각형과 같은 넓이의 삼각형을 그린다니, 왠지 마술 같아서 재미있을 것 같지 않습니까? 흥미가 생겼습니까? 흥미가 생겼다면 그보다 더 기쁜 일

도 없습니다!

자, 그럼 마술에 도전해 봅시다.

평행한 두 직선의 거리는 같다, 이것이 마술의 비결입니다. 오른쪽 그림처럼 AC와 평행이 되는 직선 DE를 그리면 △DAC와 △EAC

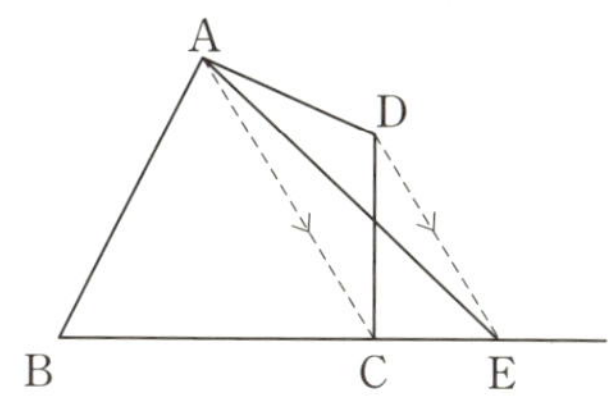

는 넓이가 같아집니다. 따라서 구하려는 삼각형은 △ABE가 됩니다.

이와 같은 변형 방법을 등적 변형이라고 합니다. **같은 넓이가 되도록 모양을 바꾼다**는 의미입니다. 사각형뿐만 아니라 오각형 등도 대각선과 평행한 직선을 그리면 역시

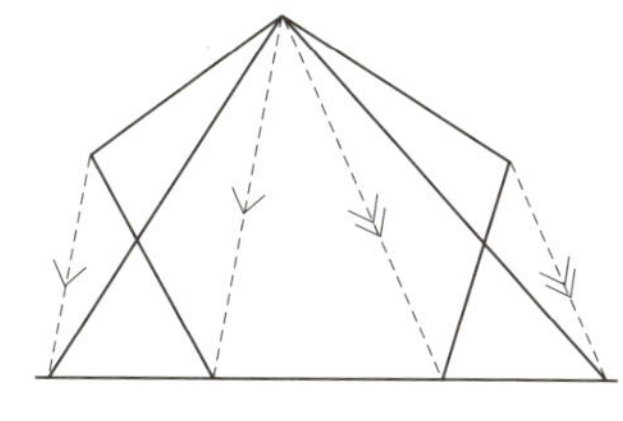

등적 변형할 수 있습니다. "오각형인 땅을 가지고 있는데 모양을 삼각형으로 바꾸고 싶어. 넓이는 그대로 두고 모양만 바꾸려면 어떻게 해야 하지?"와 같은 경우에 응용할 수 있습니다. 물론 그런 경우는 거의 찾아볼 수 없지만 …….

연습문제

오른쪽 사각형 ABCD를, 점 A를 지나는 직선으로 이등분합시다.

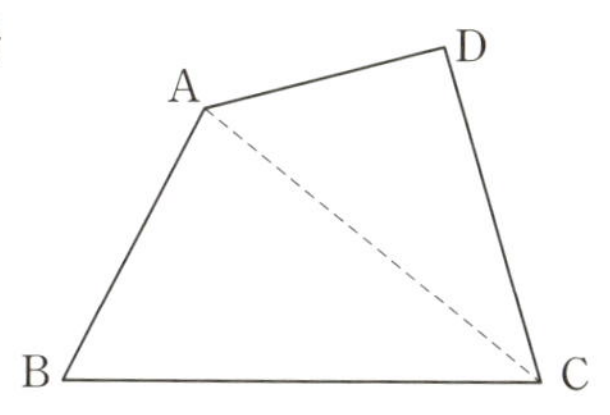

64 | 삼각형의 닮음 조건

삼각형의 닮음 조건
1. 세 변의 비가 각각 같다.
2. 두 변의 비와 그 사이의 각이 각각 같다.
3. 두 각이 각각 같다.

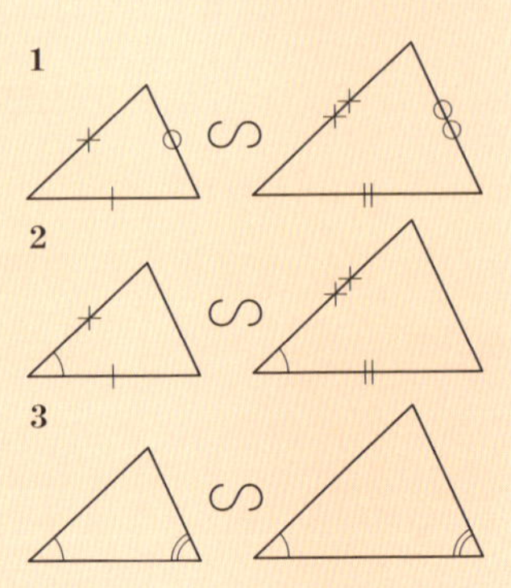

 다음 그림의 삼각형 중에서 닮은꼴 삼각형은 어떤 것과 어떤 것일까요?

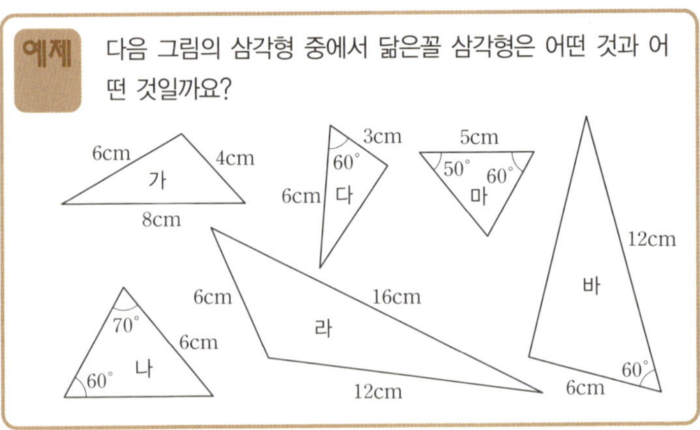

모양과 크기 모두가 똑같아 완전히 겹치는 도형을 **합동**이라고 하고, **모양이 같은 도형**은 **닮은꼴**이라고 합니다. 두 개의 삼각형이

닮은꼴인지 아닌지를 판단하는 데 쓰는 것이 **삼각형의 닮음 조건인데, 합동조건**과 마찬가지로 **세 가지**가 있습니다. 그중에서도 자주 쓰이는 것이 "두 각이 각각 같다."는 조건입니다. 예제의 나와 마에 주목하시 바랍니다. 같은 각은 60°뿐이지만 **삼각형 내각의 합은** 180°이므로 다의 나머지 하나의 각을 구하면 70°가 됩니다. 이렇게 해서 두 개의 각이 같다는 사실을 알게 되었습니다. 따라서 다와 라는 **닮은꼴**입니다. 그 외에 다와

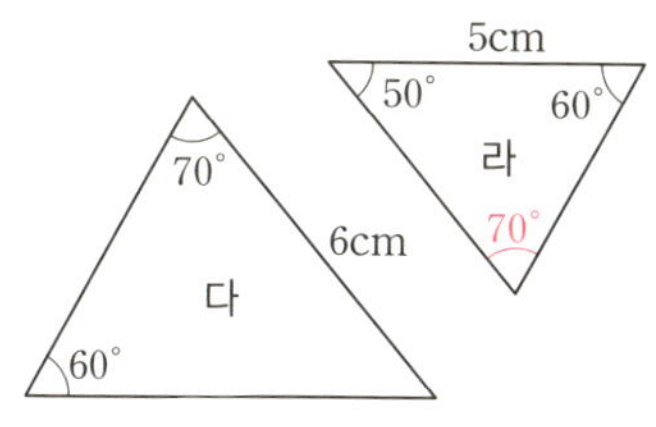

바도 두 변의 비와 그 사이의 각이 각각 같기 때문에 **닮은꼴**입니다.

확대 · 축소한 도형이나 확대 · 축소한 도형을 회전이동한 것은, 원래의 도형과 **크기는 다르지만 모양은 같습니다.** 즉, **닮은꼴**입니다.

그런데 닮은꼴의 기호는 ∽입니다. 이 S를 옆으로 누인 것처럼 생긴 기호는, 닮은꼴이라는 영어 Similar의 머리글자 S에서 유래된 것이라고 합니다.

연습문제

오른쪽 도형처럼 △ABC와 직선 l이 교차할 때, AB∥CF입니다. 닮은꼴인 삼각형을 찾아 봅시다.

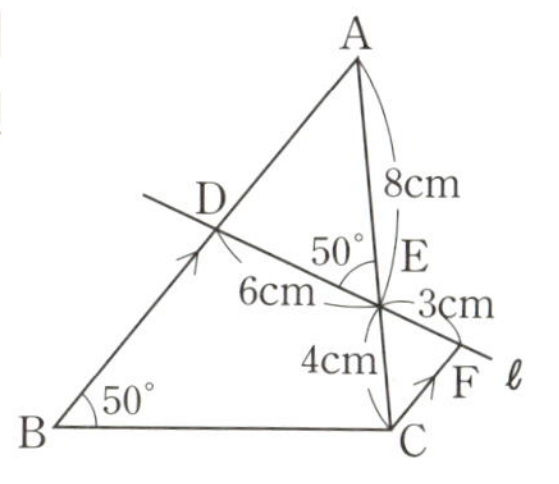

65 | 축도

길이를 직접 잴 수 없을 때는 축도를 그린다.

예제 오른쪽 그림처럼 강 양쪽에 나무가 있습니다. 두 나무 사이의 거리를 구해 봅시다.

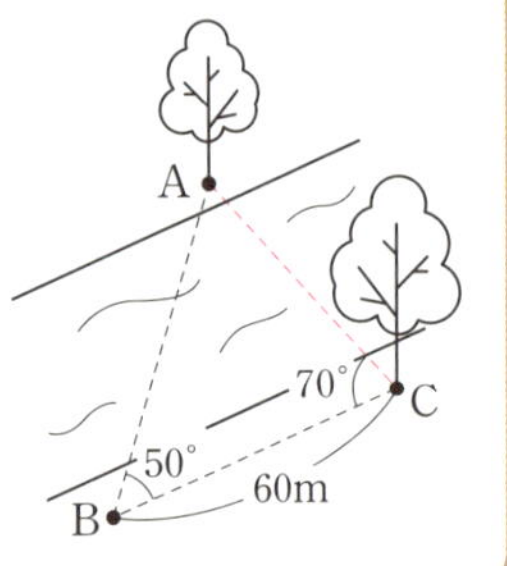

축척을 결정하여 **축도**를 그려 봅시다. 주어진 길이가 60m이니 이것을 6cm로 하여 축도를 그려볼까요? 이때의 축척은 60m＝6,000cm이므로 6,000÷6＝1,000이니 $\dfrac{1}{1,000}$ 입니다. 나머지는 ∠B＝50°, ∠C＝70°인 삼각형을 그리면 됩니다. 그리고 AC의 길이를 재면 약 5.3cm입니다. 따라서 5.3cm의 1,000배로 약 53m입니다.

토지를 측량할 때도 이와 같은 방법을 사용합니다. 이 축척도를 이용한 방법은 기원전 600년 무렵부터 사용되었다고 하는데, 지금으로부터 2,500년도 더 전에 그리스 사람 탈레스가 이집트에서 피라미드의 높이를 잴 때도 이 방법을 사용한 것으로 알려져 있습니다.

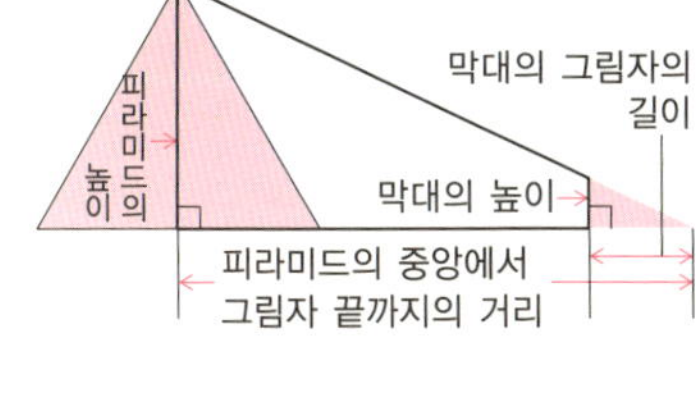

그리고 지도에는 오른쪽과 같은 축척이 표시되어 있습니다. 흔히 사용되는 지형도의 축척은 $\frac{1}{25,000}$ 이나 $\frac{1}{50,000}$ 입니다. $\frac{1}{25,000}$ 인 경우 지형도 위의 1cm는 250m입니다.

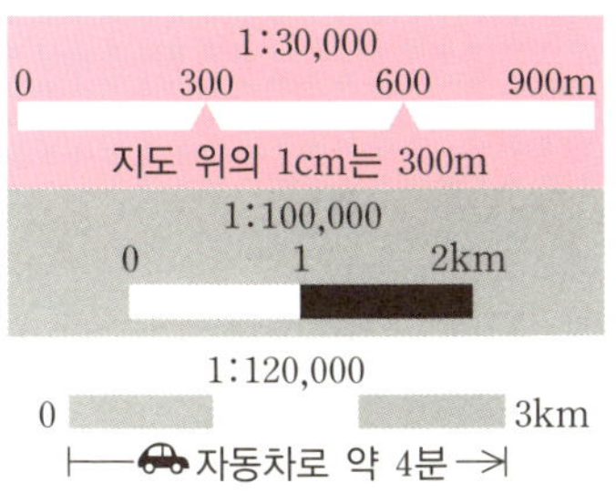

축도는 있지만 자가 없어서 길이를 잴 수 없는 경우도 있습니다. 그럴 경우 만약 100원짜리 동전이 있다면 행운입니다. 100원짜리의 지름은 2.4cm이니 대체적인 길이는 예측할 수 있을 것입니다.

연습문제

다음 축척에서 지도 위의 1cm는 실제로 몇 km일까요?

① 1:30,000
② 1:40,000
③ 1:50,000

공식

PQ∥BC인 경우

$$\frac{AP}{AB} = \frac{AQ}{AC} = \frac{PQ}{BC},$$

$$\frac{AP}{PB} = \frac{AQ}{QC}$$

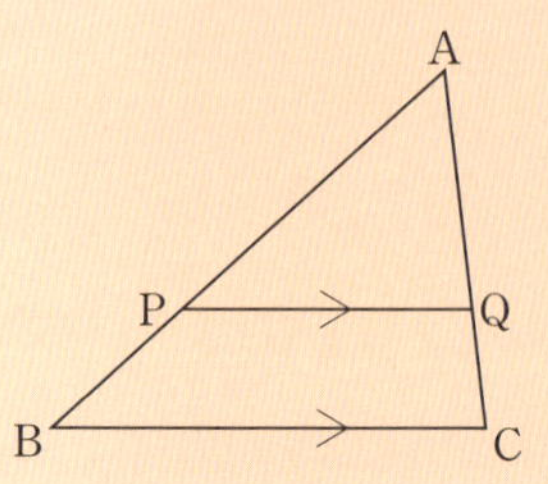

예제 다음 그림에서 PQ∥BC일 때 x, y의 값을 구해 봅시다.

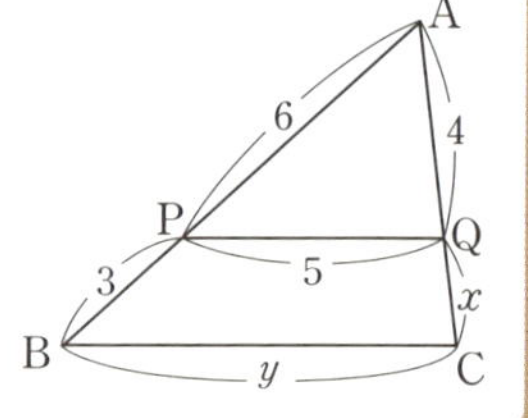

$\triangle APQ$와 $\triangle ABC$의 관계를 아십니까? $\angle A$가 공통이고 PQ∥BC이므로 동위각인 $\angle APQ$와 $\angle ABC$가 같아지기 때문에 두 쌍의 각이 각각 같으므로 **닮은꼴**입니다. 닮은꼴인 삼각형은 변의 비가 같기 때문에 $\frac{AP}{AB} = \frac{PQ}{BC}$가 됩니다. 따라서 $\frac{6}{9} = \frac{5}{y}$이므로 $y = \frac{15}{2}$입니다. x는 $\frac{AP}{PB} = \frac{AQ}{QC}$를 사용하여 $\frac{6}{3} = \frac{4}{x}$이므로 $x = 2$가 되는데, 어째서 $\frac{AP}{PB} = \frac{AQ}{QC}$가 성립되는지 아십니까? PB와 QC는 삼

각형의 변의 일부이지 변의 길이가 아니니까요. 그것은 옆의 그림처럼 점 P를 지나고 AC와 평행한 선 PR을 그려보면 답을 알 수 있습니다. △APQ와 △PBR에 주목하시기 바랍니다. **평행선의 동위각은 같기 때문에** ∠PAQ=∠BPR, ∠APQ=∠PBR이므로 **두 쌍의 각이 각각 같기 때문에** △APQ ∽ △PBR입니다.

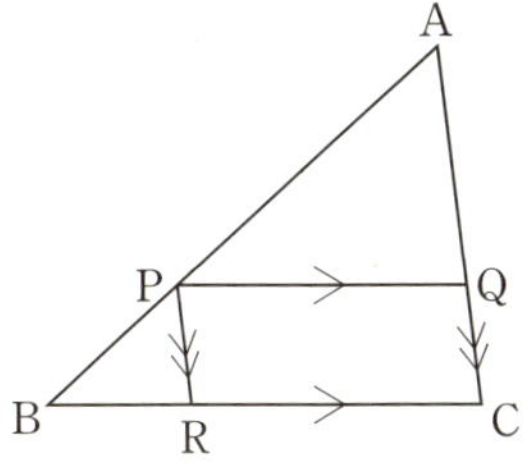

그리고 닮은꼴인 삼각형은 변의 비가 같기 때문에 $\dfrac{AP}{PB}=\dfrac{AQ}{PR}$라고 할 수 있습니다. 또 사각형 PRCQ가 평행사변형이므로 PR=QC가 됩니다. 따라서 $\dfrac{AP}{PB}=\dfrac{AQ}{QC}$라고 할 수 있습니다.

여기서 점 P, Q가 변 AB, AC의 중점(점 M, 점 N)이라면 어떻게 될까요? 여기서 중점연결정리가 등장합니다.

$MN /\!/ BC$, $MN=\dfrac{1}{2}BC$라는 정리입니다.

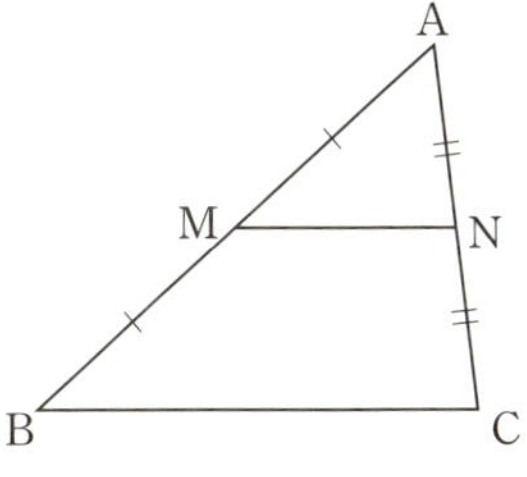

67 변의 등분

평행선을 이용하여 변을 등분할 수 있다.

예제 연필을 3등분하려고 합니다. 주위에는 공책과 칼밖에 없습니다. 어떻게 하면 될까요?

앞에서는 평행선과 직선이 교차할 때 생기는 선분의 비에 대해서 설명했습니다. 오른쪽 그림을 봐 주시기 바랍니다. 평행한 직선이 직선 l, m을 등분하고 있습니다.

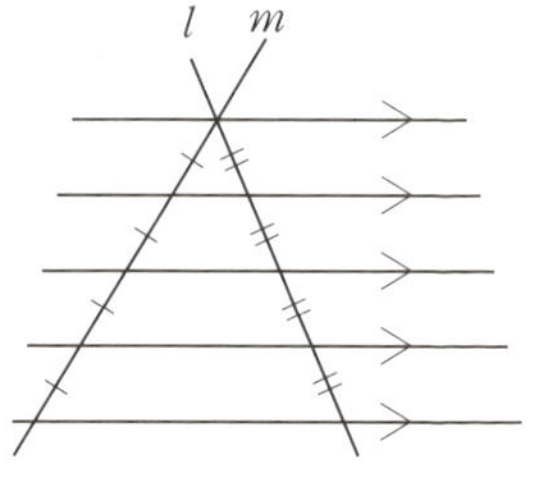

그런데 공책의 선은 평행입니다. 당연한 얘기겠죠? 바로 그 당연한 얘기를 이용해 연필을 3등분해 보기로 합시다.

오른쪽 그림에서처럼 연필을 12개의 선 사이에 오도록 놓은 다음 위에서부

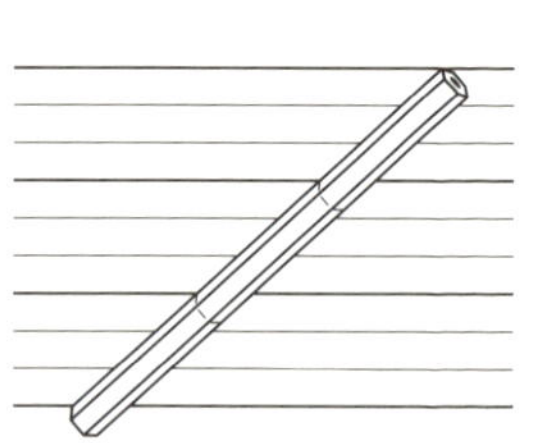

67

터 4번째, 8번째 부분에 표시를 하면면 연필을 3등분할 수 있습니다.

물론 선의 수는 12가 아니어도 3의 배수이기만 하면 됩니다. **길이를 잴 필요가 없습니다.** 자를 찾을 필요도 없습니다. 지혜를 이용하면 등분할 수 있습니다. 평행선을 이용하면 2등분, 3등분뿐만 아니라 3:2 등으로 나눌 수도 있습니다.

선분 AB를 선분 AB 위의 점 P로 나누는 것을 내분한다, 선분 AB의 연장선 위의 점 Q로 나누는 것을 외분한다고 말합니다. 선분 AB를 3:2로 내분하는 점 P, 외분하는 점 Q를 작도하는 방법은 다음과 같습니다.

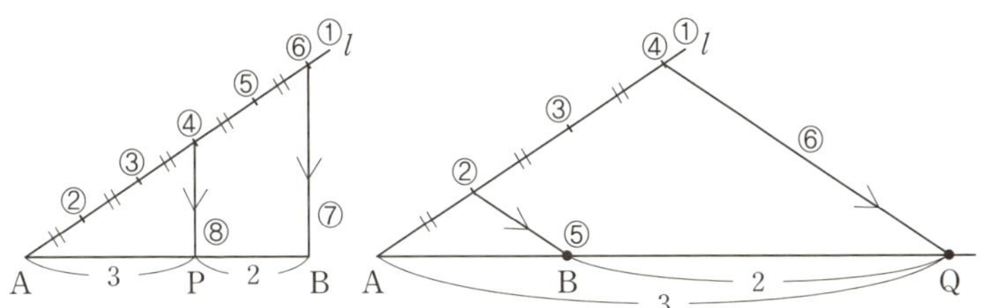

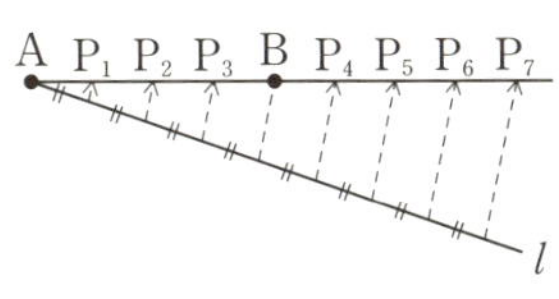

오른쪽 그림에서 선분 AB를 3:1로 내분하는 점, 외분하는 점은 각각 어디일까요?

68 평행선과 넓이의 비와 닮음비

공식

두 삼각형 넓이의 비

밑변이 같을 때 → 높이의 비,

높이가 같을 때 → 밑변 길이의 비,

닮은꼴일 때 → 닮음비의 제곱의 비

예제 오른쪽의 △ABC에서 점 D, E는 각각 변 AB, AC를 3:2로 내분하고 있습니다. △ADE의 넓이가 18일 때, △ABC, △PBC의 넓이를 구해 봅시다.

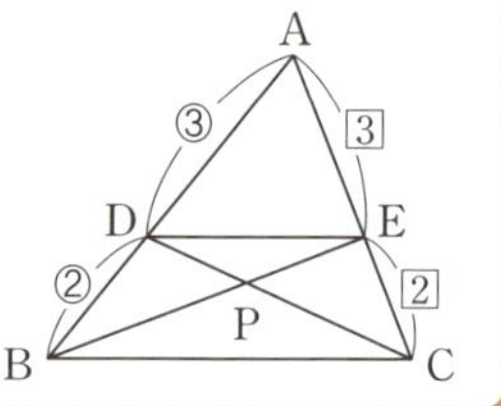

우선 △ADE와 △ABC의 관계부터 살펴봅시다. 닮은꼴입니다. 닮은꼴인 삼각형에서 **넓이의 비는 닮음비(대응하는 변의 길이의 비)의 제곱의 비**가 되므로 △ADE : △ABC $= 3^2 : 5^2 = 9 : 25$입니다. △ADE의 넓이가 18이라면 △ABC의 넓이는 50이 됩니다.

다음은 △PBC입니다. 이것은 …… 간단하게 구할 수 있을 것 같지 않습니다. 여러 단계를 거쳐서 구해 봅시다. △PBC를 살펴보면 △PED와 **닮은꼴**이라는 점을 알 수 있습니다. 다음으로 △PED는 밑변을 PE라고 생각하면 밑변 BE를 가진 △DBE와 **높이가 같은**

68

삼각형이라는 사실을 알 수 있습니다. 그리고 △DBE는 △ADE와 **높이가 같은 삼각형**이라는 사실을 알 수 있습니다. △ADE의 넓이가 18이니 우선 △DBE:△ADE는 밑변의 비가 같아지므로 △DBE:△ADE=2:3, △DBE:18=2:3이므로 △DBE=12라는 사실을 알 수 있습니다. 다음으로 △PED:△DBE=3:8이므로 △PED:12=3:8, △PED=$\frac{9}{2}$이므로 △PBC와 △PED의 닮음비는 5:3이 되어 넓이의 비는 25:9가 되어 △PBC:△PED=25:9, △PBC:$\frac{9}{2}$=25:9, △PBC=$\frac{25}{2}$가 됩니다.

먼 길을 돌아왔는데 잘 따라오셨는지 모르겠습니다. 여기서 알아두셨으면 하는 것은 답을 구하기까지의 과정입니다. 구하고 싶은 답에서부터 주어진 정보까지 거꾸로 거슬러 올라가, 길이 보이기 시작하면 주어진 정보에서부터 구하고 싶은 답까지 차례차례로 나아갈 수 있습니다. 이런 사고방식을 배우는 것도 수학을 공부하는 중요한 의의 중 하나입니다.

연습문제

다음 사다리꼴 ABCD에서 AD:BC =1:2일 때 다음 넓이의 비를 구해 봅시다.

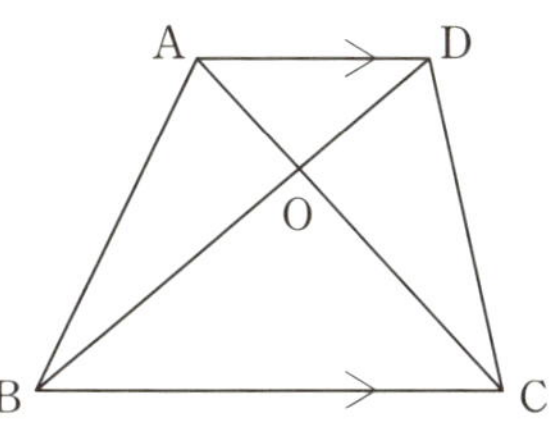

① △OAD:△OBC

② △OAD:△OAB

③ △OAD:사다리꼴 ABCD

69 방멱의 정리

두 개의 현 AB, CD의 교점을 P라고
한다면

$$PA \times PB = PC \times PD$$

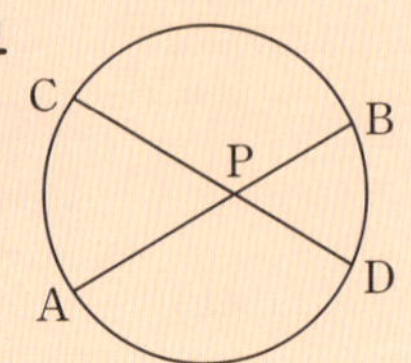

오른쪽의 $\angle A = 90°$인 직
각삼각형에서 점 A부터 변
BC로 수선 AH를 그으면,
$AH^2 = BH \times CH$가 된다는
사실을 증명해 봅시다.

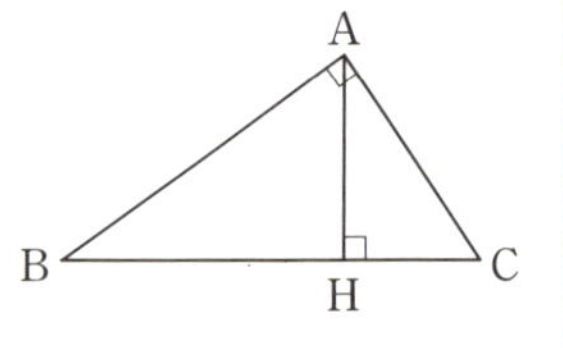

방멱의 정리, 아마도 대부분의 사람들이 "그게 뭔데?"라고 생각하지 않았을까요? **접현정리**나 **중점연결정리**만큼 유명하지는 않으니 기억해 두지 않아도 큰 문제는 없을 것입니다. 그림과 PA×PB=PC×PD라는 식을 보면, "그런 것도 있었구나."라는 생각이 들지 않습니까?

그것이면 충분합니다.

여기서는 PA×PB=PC×PD가 어떻게 해서 성립하는가 하는 점에 흥미를 갖기 바랍니다. 그리고 증명에 도전해 보시기 바랍니다.

69

그럼 예제를 증명해 보겠습니다.

△ABH∽△CAH이므로, 대응하는 변의 비는 같기 때문에 AH: BH＝CH：AH입니다. 따라서 $AH^2＝BH×CH$입니다.

이 증명과 정리의 관계를 살펴보기 위해 정리의 그림을 다음과 같이 바꿔 보기로 합시다. 방멱의 정리가 증명됩니다.

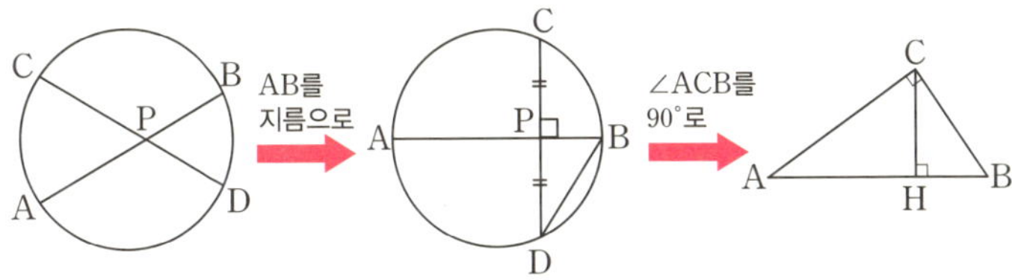

연습문제

다음 그림에서 x의 값을 구해 봅시다.

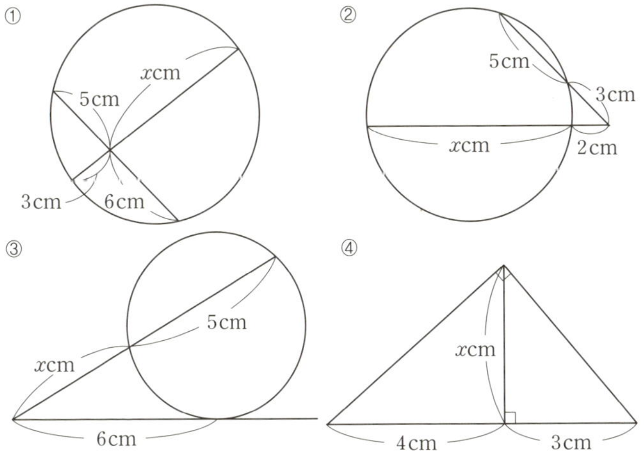

①
5cm
$x$cm
3cm
6cm

②
5cm
3cm
$x$cm
2cm

③
5cm
$x$cm
6cm

④
$x$cm
4cm
3cm

공식

복사용지를 절반으로 접으면 닮은꼴

예제 어떤 책의 크기가 A5입니다. 옆으로 두 권을 늘어놓으면 A4 복사용지와 같은 크기가 됩니다. 이 책의 가로와 세로의 길이의 비를 구해 봅시다.

오른쪽 그림처럼 A5와 A4 용지를 겹쳐 봅시다. A5 용지의 짧은 변을 1이라고 한다면 A4 용지의 긴 변은 2가 됩니다. 그리고 A5 용지의 긴 변과 A4 용지의 짧은 변은 같은데 이것을 x라고 하겠습니다. A5

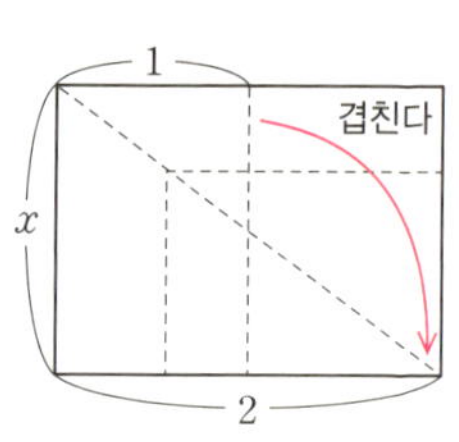

의 넓이는 A4의 $\frac{1}{2}$입니다. 그리고 A5와 A4는 닮은꼴입니다. **닮은꼴인 도형의 넓이의 비는 닮음비(변의 비)의 제곱과 같기 때문에** A5와 A4의 넓이의 비가 1:2라면 A5와 A4의 닮음비는 $1:\sqrt{2}$가 됩니다. 이것은 A5와 A4의 짧은 변끼리의 비가 $1:\sqrt{2}$라는 뜻이기 때문에 그림의 $1:x$는 $1:\sqrt{2}$가 됩니다. 다시 말해서 A5의 긴 변이 $\sqrt{2}$가 되기 때문에 A5판 책의 세로와 가로의 길이의 비는 $\sqrt{2}:1$이 됩니다.

종이의 크기에는 A판과 B판, 두 종류의 규격이 있습니다.

넓이가 $1m^2$인 직사각형을 **A0판**, 넓이가 $1.5m^2$인 직사각형을 B0판으로 하고, 각각의 절반을 **A1판, B1판**, 그것의 절반을 다시 **A2판, B2판** ……, 종이의 크기는 이렇게 정해져 있습니다.

예를 들어 **A5판**은 넓이가 $1m^2$인 직사각형을 다섯 번 접은 크기로 **A0**의 $\dfrac{1}{32}$ 크기입니다.

그리고 **A판, B판** 모두 세로와 가로의 길이의 비는 $\sqrt{2}:1$로 변함이 없기 때문에 모두 **닮은꼴 직사각형**입니다.

확대 복사를 할 때 복사기에 '**A5 → A4 141%**'라고 써 있기 때문에 배율로 고민할 필요는 없지만, 이 141%의 근거를 알고 싶지 않으십니까? 앞서 말한 바와 같이 **A4**와 **A5**의 닮음비는 $\sqrt{2}:1$입니다. 따라서 **변의 비를 $\sqrt{2}$배** 하면 **A5**는 **A4**로 확대됩니다. $\sqrt{2}=1.414$ …… 입니다. '141421356'이라는 숫자를 기억하고 계십니까? 이것은 $\sqrt{2}$의 근삿값(오차 범위 내에서 어떤 수를 나타내고 있는 것이라고 할 수 있는 수치)입니다. $\sqrt{2}=1.41421356$ …… 입니다. 이 1.41……을 '%'로 표시한 것이 확대율인 141%입니다. 따라서 A5가 A4로 정확하게 확대되는 것은 아닙니다.

■ 직각삼각형의 합동조건

 1. 빗변과 한 예각이 각각 같다.

 2. 빗변과 다른 한 변이 각각 같다.

■ 다음의 성질 중 어느 하나를 가진 사각형은 평행사변형이다.

 ① 두 쌍의 마주 보는 변이 각각 평행이다(정의).

 ② 두 쌍의 마주 보는 변이 각각 같다.

 ③ 두 쌍의 마주 보는 각이 각각 같다.

 ④ 한 쌍의 마주 보는 변이 같고 평행이다.

 ⑤ 대각선이 각각의 중점에서 만난다.

■ $PQ /\!/ AB$라면 $\triangle PAB = \triangle QAB$

■ 삼각형의 닮음 조건

 1. 세 변의 비가 각각 같다.

 2. 두 변의 비와 그 사이의 각이 각각 같다.

 3. 두 각이 각각 같다.

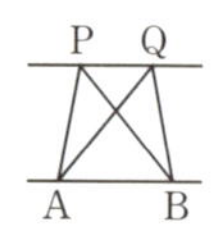

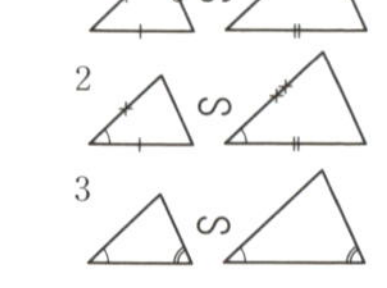

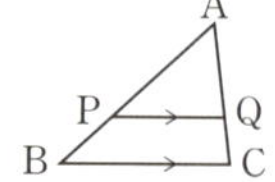

■ 길이를 직접 잴 수 없을 때는 축도를 그린다.

■ $PQ /\!/ BC$인 경우

$$\frac{AP}{AB} = \frac{AQ}{AC} = \frac{PQ}{BC}, \ \frac{AP}{PB} = \frac{AQ}{QC}$$

■ 평행선을 이용하여 변을 등분할 수 있다.

■ 두 삼각형 넓이의 비

밑변이 같을 때 → 높이의 비,

높이가 같을 때 → 밑변 길이의 비,

닮은꼴일 때 → 닮음비의 제곱의 비

■ 두 개의 현 AB, CD의 교점을 P라고 한다면
$PA \times PB = PC \times PD$

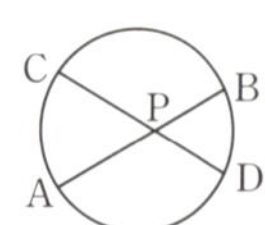

■ 복사용지를 절반으로 접으면 닮은꼴

담비 피자
안녕 애들아
담비언니 조각피자 두 개요.
호호, 누나 너무 이뻐요.
어머 어쩌지 애들아?
왜요?
사각형 피자가 다 팔려서 누군가는 삼각형 피자를 먹어야 돼.
언니! 그럼 삼각형 피자는 좀 더 싸겠네요?
누나, 아니에요. 둘의 면적은 같아요.
호호, 누나 아무거나 주세요. 전 괜찮아요.
그렇지, 삼각형은 작아 보이니까 삼백원 싸게 해 줄게.
자 보세요.
어머! 그렇구나
△DAC=△EAC
□ABCD=△ABE
A D B C E
미쳤어~ 정말 미쳤어~ 내가 미쳤어~
담비누나 여기 2천원 받으세요. 히히.
양돌아, 너 도대체 누구 편인지 모르겠더라.
우리가 양이니까 양심은 지켜야 하잖아.
그게 아니라, 담비언니가 이뻐서 그런거지! 맞지?
......몰라.
양순아, 내일 피자 또 먹자. 내가 살게.
너랑 또 피자를 먹는다면 내가......
내가 미쳤어~

71 | 황금비

가장 이상적인 비율이라 알려져 있는 변의 비는

$$1 : \frac{\sqrt{5}-1}{2}$$

예제 오른쪽처럼 명함에서 정사각형을 잘라 내면 명함과 닮은꼴 도형이 만들어집니다. 이 명함의 세로와 가로의 길이의 비를 구해 봅시다.

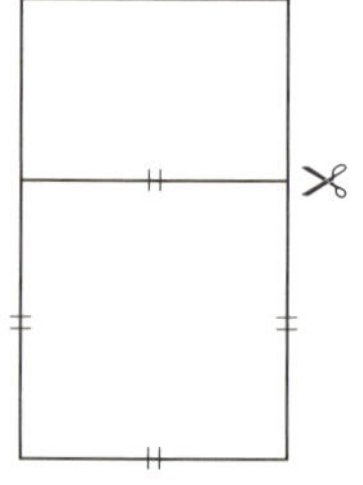

명함과 잘라 낸 직사각형을 오른쪽 그림과 같이 겹쳐 봅시다. 명함의 긴 변을 2, 짧은 변을 x 라고 하겠습니다. 그러면 잘라 낸 직사각형의 긴 변은 x, 짧은 변은 $2-x$가 됩니다. 명함과 잘라 낸 직사각형은 닮은꼴로 변의 비가 같기 때문에 $(2-x):x=x:2(0<x<2)$가 성립합니다. 이것을 풀면 $x^2=2(2-x)$, $x^2=4-2x$, $x^2+2x-4=0$, 2차방정식의 근의 공식 $x=\dfrac{-b\pm\sqrt{b^2-4ac}}{2a}$에 대입하여,

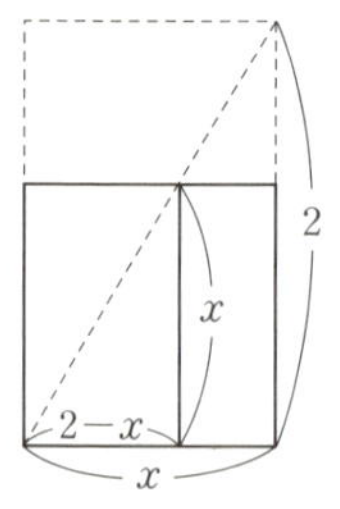

$$x=\frac{-2\pm\sqrt{2^2-4\times1\times(-4)}}{2}, \quad x=\frac{-2\pm\sqrt{4+16}}{2},$$

$$x=\frac{-2\pm\sqrt{20}}{2}, \quad x=\frac{-2\pm\sqrt{5}}{2}, \quad x=-1\pm\sqrt{5} \ (0<x<2)$$

이므로 $x=-1+\sqrt{5}$입니다. 따라서 예제의 답은 $2:(\sqrt{5}-1)=$ $1:\dfrac{\sqrt{5}-1}{2}$입니다. 이 $1:\dfrac{\sqrt{5}-1}{2}$이 가장 이상적인 비율인 **황금비**로 대략 $1:0.6=8:5$입니다.

이 **황금비**는 고대 그리스 시대에 만들어진 '밀로의 비너스'에 조각된 몸의 비율을 비롯하여 미술·공예·건축뿐만 아니라 요즘에는 신용카드와 대부분의 단행본 책에서도 찾아볼 수 있습니다.

또한 정오각형을 바탕으로 해서 그린 별 모양에서도 **황금비**를 발견할 수 있습니다.

오른쪽 그림을 보시면 선분 BE:BA가 **황금비**를 이루고 있습니다. 그래서 별 모양이 아름답게 보이는 것일까요?

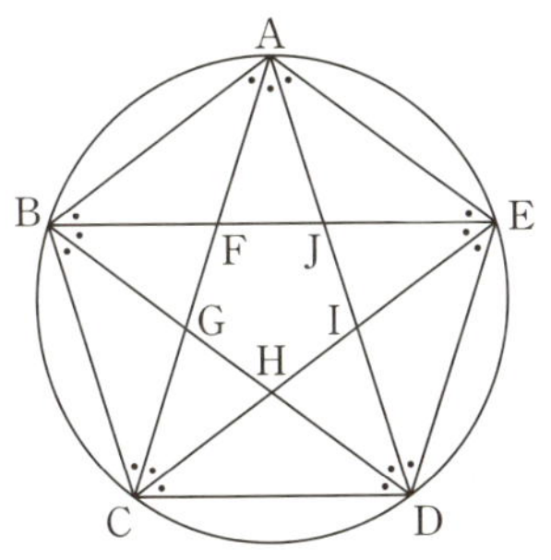

연습문제

황금비가 $(\sqrt{5}+1):2$로도 표시되는 이유를 설명해 봅시다.

삼각형의 중심

△ABC의 세 개의 중선은 한 점 G에서 교차하며,

$$\frac{AG}{GL}=\frac{BG}{GM}=\frac{CG}{GN}=\frac{2}{1}$$

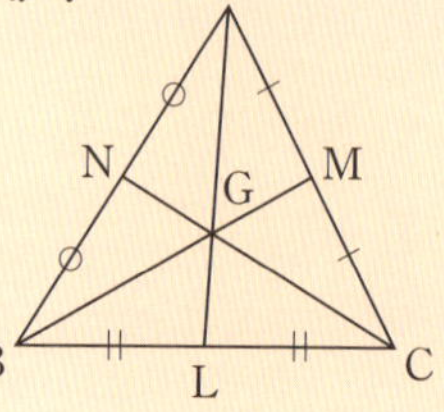

△ABC의 세 중선이 한 점 G에서 교차한다는 사실을 증명해 봅시다.

우선 **중선**의 의미부터 설명하겠습니다. **중선이란 하나의 꼭짓점과 그 대변의 중점을 잇는 선분**을 말합니다. 삼각형의 각 꼭짓점에서 세 개의 중선을 그으면 한 점에서 교차한다는 것입니다. 이 중선의 교차점을 삼각형의 **중심**이라고 합니다. **중심**은 "중심을 잡아라!" 등 일상에서도 들을 수 있는 말입니다.

그럼 예제를 증명하겠습니다. ①에서는 꼭짓점 A에서 그은 중선, ②에서는 꼭짓점 C에서 그

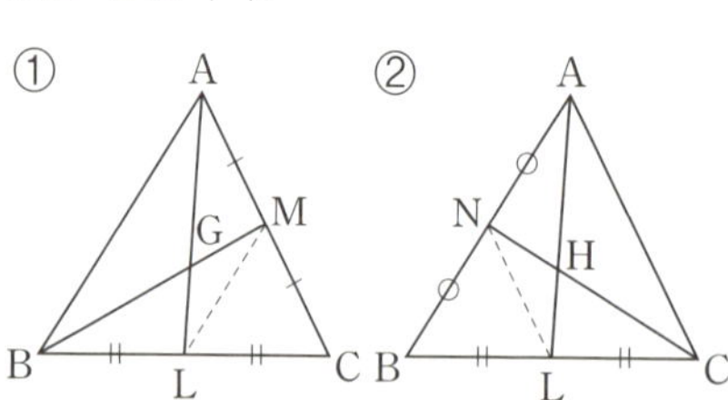

은 중선에 대해서 생각해 보겠습니다. 그림에서처럼 각각 보조선을 그으면 **중점연결정리**를 사용할 수 있습니다. ①에서는 $ML=\frac{1}{2}AB$, ②에서는 $NL=\frac{1}{2}AC$입니다. ①에서는 $\triangle GAB \backsim \triangle GLM$으로 $AB:LM=AG:LG=2:1$이므로 점 G는 선분 AL을 2:1로 나누는 점이 됩니다. 마찬가지로 ②에서는 $\triangle HAC \backsim \triangle HLN$으로 $AC:LN=AH:LH=2:1$이므로 점 H는 선분 AL을 2:1로 나누는 점이 됩니다. 점 G와 점 H는 모두 **선분 AL을 2:1로 나누는 점이기 때문에 같은 점**입니다. 이렇게 해서 **세 중선은 한 점에서 교차한다**는 사실을 증명할 수 있습니다.

'**중심**'이라고 하면 '**균형**'이 떠오릅니다. 균일한 삼각형 판의 중심을 알면 삼각형을 손가락 끝에 세울 수 있습니다.

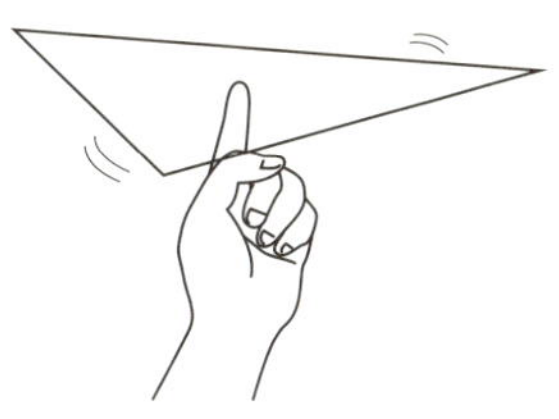

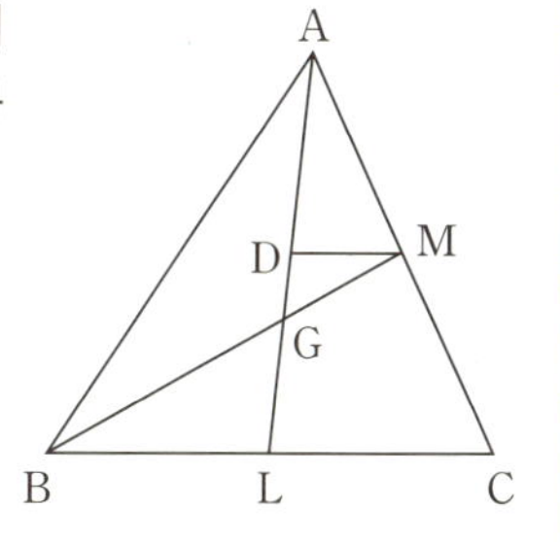

연습문제

오른쪽 그림에서 점 G가 $\triangle ABC$의 중심이고 $DM /\!/ BC$일 때, $\triangle GMD$와 $\triangle ABC$의 넓이의 비를 구해 봅시다.

73 | 삼각형의 내심

△ABC의 세 내각의 이등분선은
한 점 I에서 교차하며,
ID=IE=IF이다.

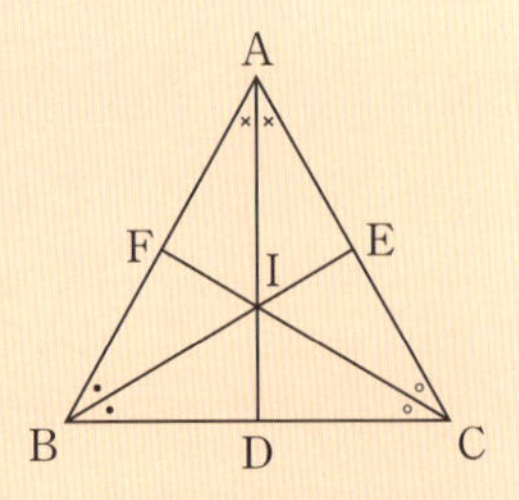

 △ABC의 세 내각의 이등분선이 한 점에서 교차한다는 사실을 증명해 봅시다.

점 I를 △ABC의 **내심**이라고 합니다.

예제를 증명해 봅시다. 위 정리의 그림에서 ∠B, ∠C의 이등분선의 교점 I와 점 A를 잇는 직선이 ∠A의 이등분선이 된다는 사실을 설명하기만 하면 됩니다.

여기서는 ∠B, ∠C의 이등분선의 교점 I에서 △ABC의 세 변으로 수선을 긋습니다. 그러면 직각삼각형이 만들어집니다. 직각삼각형의 합동조건을 기억하고 계십니까? **빗변과 하나의 예각이 각각**

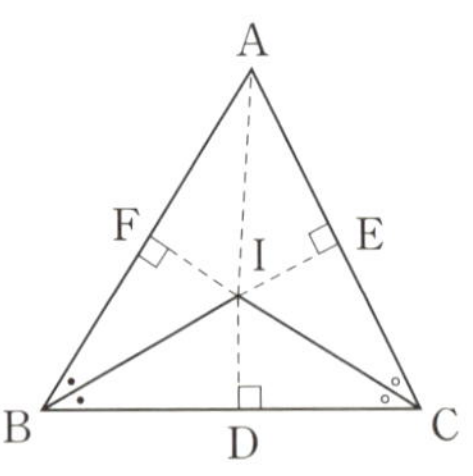

73

같다는 것이 있었습니다.

이것을 근거로 하여 △IBD≡△IBF, △ICD≡△ICE라고 할 수 있습니다. 따라서 ID=IF=IE가 되고, 이번에는 **직각삼각형의 빗변과 다른 한 변이 각각 같다**는 사실을 알 수 있으므로 △IAF≡△IAE라고 할 수 있습니다. 따라서 ∠IAF=∠IAE라고 할 수 있기 때문에 AI는 ∠A의 이등분선이라는 사실을 알 수 있습니다. 따라서 **세 내각의 이등분선은 한 점에서 교차한다**고 말할 수 있습니다.

I를 중심으로 하고 ID를 반지름으로 하는 원을 그리면 오른쪽 그림처럼 △ABC의 각 변과 세 점 D, E, F에서 만납니다. 이 원을 △ABC의 내접원이라고 합니다.

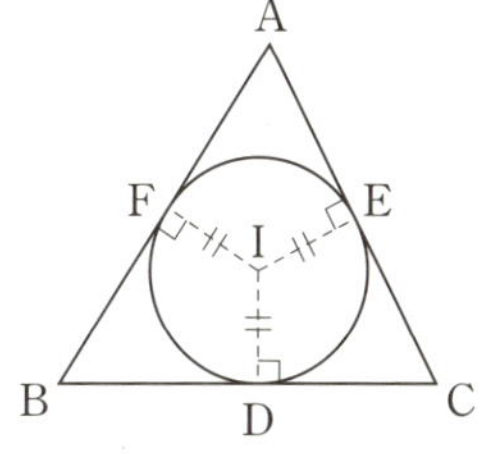

그리고 △ABC의 넓이를 S, 내접원의 반지름을 r, BC=a, CA=b, AB=c라고 한다면 $S=\dfrac{1}{2}r(a+b+c)$가 됩니다.

연습문제

오른쪽 그림과 같은 △ABC의 내접원 I의 반지름을 구해 봅시다.

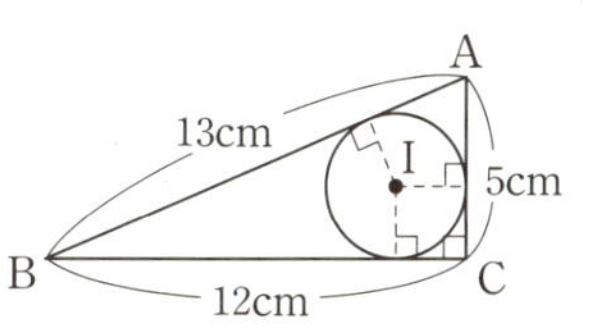

△ABC의 세 변의 수직이등분선은 한 점 O에서 교차하며, OA=OB=OC이다.

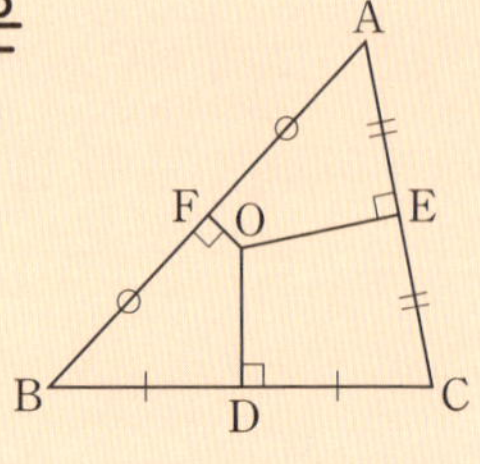

△ABC의 세 변의 수직이등분선이 한 점에서 교차한다는 사실을 증명해 봅시다.

점 O를 △ABC의 **외심**이라고 합니다. **중심**, **내심**을 지나서 이번에는 **외심**입니다. "대체 '심'이 몇 개나 있는 거야?"라고 하실지 모르겠지만 '심' 시리즈는 아직도 남아 있으니 조금만 더 참아 주시기 바랍니다.

예제를 증명하겠습니다. 위 정리의 그림에서 두 변 AB, BC의 수직이등분선의 교점 O와 변 CA의 중점 E를 잇는 직선이 변 CA와 수직으로 교차한다는 사실을 증명하기만 하면 됩니다.

△OAF와 △OBF에서 OF=OF(OF 공통), OF는 AB의 수직이등분선이므로 AF=BF, ∠OFA=∠OFB=90°이므로 **두 변과**

그 사이의 각이 각각 같기 때문에 △OAF≡△OBF가 됩니다. 마찬가지로 △OBD≡△OCD가 되기 때문에 OA=OB=OC라고 할 수 있습니다. △OCA는 OC=OA인 이등변삼각형이고 E가 밑변의 중점이기 때문에 ∠OEA=∠OEC=90°이므로 점 O와 변 CA의 중점 E를 잇는 직선이 변 CA와 수직으로 교차한다는 사실이 증명됩니다. 따라서 **세 변의 수직이등분선은 한 점에서 교차한다**고 할 수 있습니다.

O를 중심으로 하고 OA를 반지름으로 하는 원을 그리면 오른쪽 그림처럼 △ABC의 각 꼭짓점을 지나는 원을 그릴 수 있습니다. 이 원을 △ABC의 **외접원**이라고 합니다.

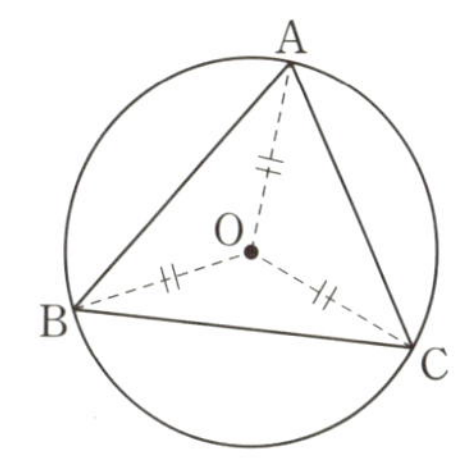

그리고 ∠A가 90°일 때, 원주각과 중심각의 관계를 통해서 O는 변 BC 위에 있다는 사실, 그리고 직각삼각형의 빗변의 중점은 세 꼭짓점에서 같은 거리에 있다는 사실을 알 수 있습니다.

연습문제

오른쪽 정삼각형 ABC의 외심을 O라고 할 때, $\angle x$, $\angle y$의 크기를 구해 봅시다.

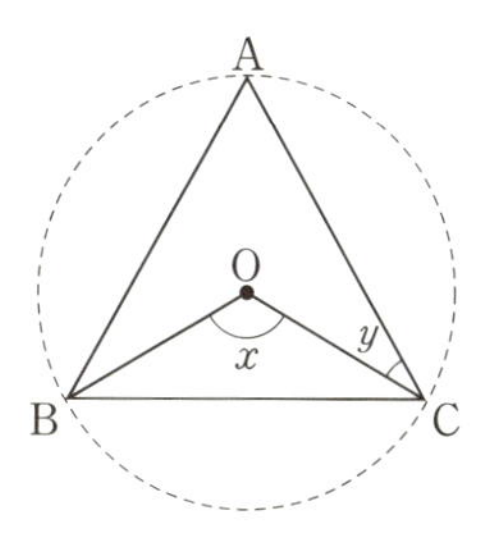

△ABC의 세 꼭짓점에서 대변으로 그은 수선은 한 점 H에서 교차한다.

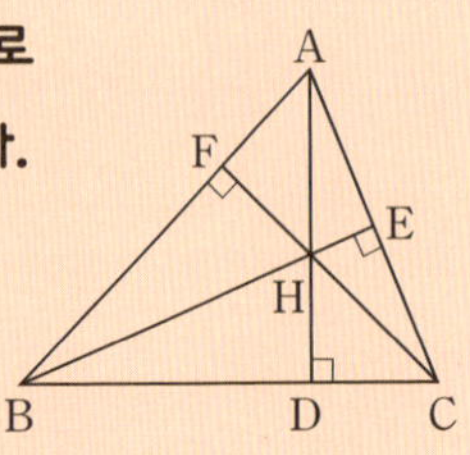

△ABC의 세 꼭짓점에서 대변으로 그은 수선이 한 점에서 교차한다는 사실을 증명해 봅시다.

점 H를 △ABC의 **수심**이라고 합니다. **중심**, **내심**, **외심**으로 이어졌던 '심' 시리즈 제4탄입니다. 예제를 증명해 보겠습니다. 오른쪽 그림처럼 두 개의 꼭짓점 A, B에서 그은 수선의 교점을 H라고 할 때, 꼭짓점 C와 점 H를 잇는 직선이 변 AB와 수직으로 교차한다는 사실을 증명하면 됩니다.

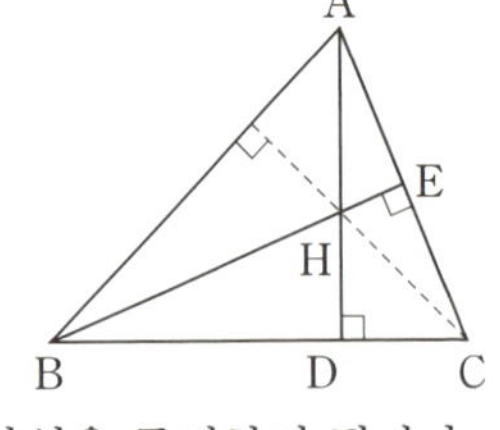

다음 그림처럼 D와 E를 이어 봅시다. 이번에는 **원에 내접하는 사각형**을 이용하겠습니다! $\angle AEB = \angle ADB = 90°$입니다. 이때 네 점 A, B, D, E를 지나는 원을 그릴 수 없을까를 생각해 봅니다. 그러면 AB를 지름으로 하는 원을 그릴 수 있다는 사실을 알 수 있습니다. ∠AEB와 ∠ADB가 호 AB에 대해서 원주각이 된다는 사실을 알 수 있기 때문입니다. 그러면 호 AE에 대한 원주각에 의해

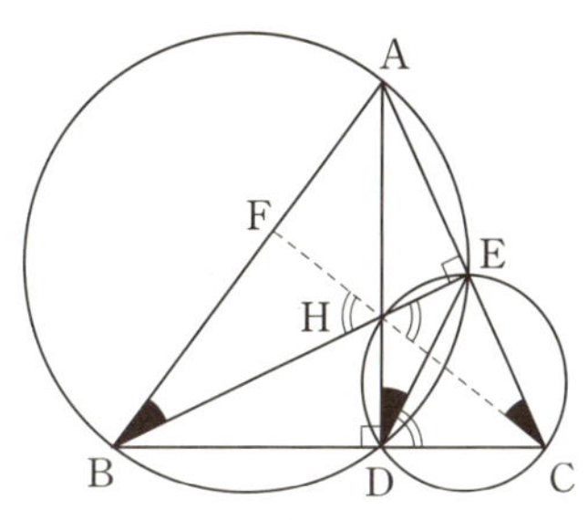

서 ∠ABE=∠ADE라고 할 수 있습니다. 마찬가지로 ∠HEC=∠HDC=90°이므로 네 점 H, D, C, E를 지나는 원을 그릴 수 있다는 사실을 알 수 있습니다. 그러면 호 HE에 대한 원주각에 의해서 ∠HDE=∠HCE라고 할 수 있습니다. 그리고 △HFB와 △HEC에서 ∠FBH=∠ECH, ∠BHF=∠CHE(맞꼭지각)이므로 **두 쌍의 각이 각각 같기 때문에** △HFB∽△HEC가 되는데 닮은 꼴 삼각형의 대응하는 각은 같으므로 ∠HFB=∠HEC=90°가 되어 꼭짓점 C와 점 H를 잇는 직선이 변 AB와 수직으로 교차한다는 사실이 증명됩니다.

연습문제

오른쪽의 △ABC에서 점 H가 수심일 때 같은 원둘레 위에 있는 네 점의 조합을 찾아봅시다.

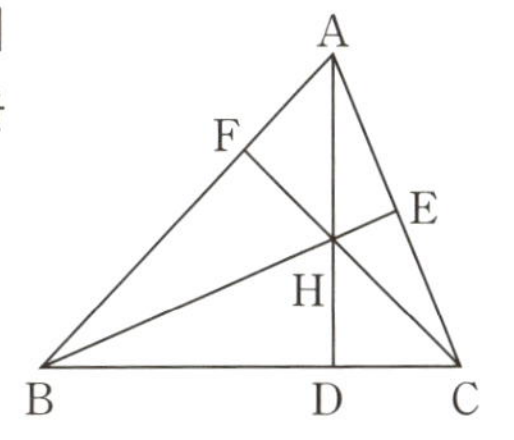

삼각형의 방심

정리

△ABC의 한 각의 이등분선과 다른 두 각의 외각의 이등분선은 한 점 K에서 교차하며, KL=KM=KN이다.

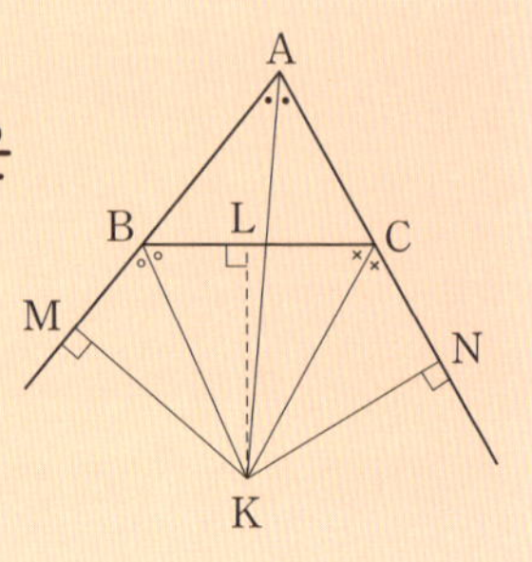

예제 △ABC의 한 각의 이등분선과 다른 두 외각의 이등분선이 한 점에서 교차한다는 사실을 증명해 봅시다.

점 K를 △ABC의 **방심**이라고 합니다. 아무리 시리즈라고 하지만 너무 많은 거 아니야 ……. 그 '심' 시리즈도 이것으로 마지막입니다. 끝까지 잘 따라오시기 바랍니다.

예제를 증명해 봅시다. 오른쪽 그림처럼 ∠A의 이등분선과 ∠B의 외각의 이등분선의 교점을 K라고 할 때, 꼭짓점 C와 점 K를 잇는 직선이 ∠C의 외각의 이등분선이 되기만 하면 됩니다.

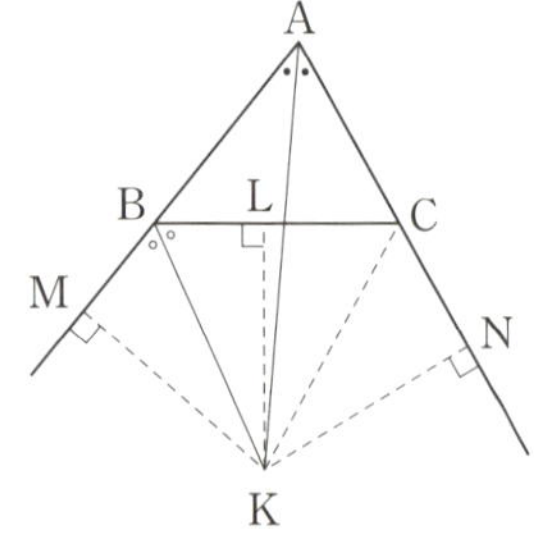

점 K에서 변 AB의 연장, 변 BC, 변 AC의 연장으로 수선을 그어 각각의 교점을 M, L, N이라고 합시다. △KBM과 △KBL, △KAM과 △KAN은 전부 **직각삼각형의 빗변과 하나의 예각이 각각 같기** 때문에 △KBM≡△KBL, △KAM≡△KAN이 되어 KM=KL=KN이라고 할 수 있습니다.

다음으로 △KCL과 △KCN에서 ∠KLC=∠KNC=90°, KC=KC(KC공통), KL=KN이므로 **직각삼각형의 빗변과 다른 한 변이 각각 같기** 때문에 △KCL≡△KCN이므로 ∠KCL=∠KCN이라고 할 수 있습니다. 따라서 **삼각형 한 각의 이등분선과 다른 두 외각의 이등분선은 한 점에서 만난다**는 사실이 증명되었습니다.

K를 중심으로 하고 KL을 반지름으로 하는 원을 그리면 오른쪽 그림처럼 △ABC의 각 변(의 연장선)과 세 점 L, M, N에 접합니다. 이 원을 △ABC의 방접원이라고 합니다.

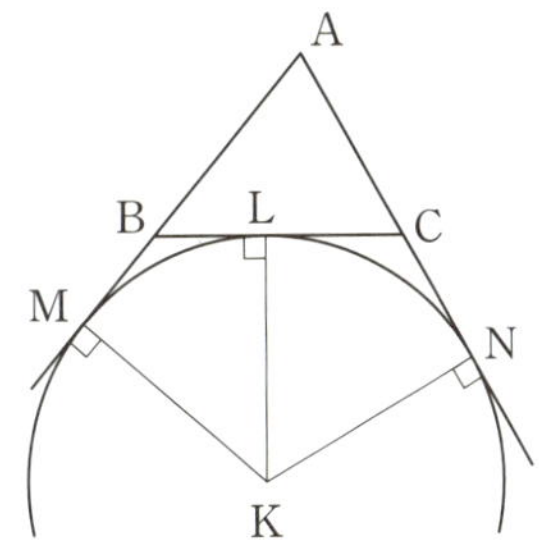

연습문제

오른쪽 그림에서 ∠BIC, ∠BKC의 크기를, 꼭지각 A의 크기를 a라고 하여 나타내 봅시다.

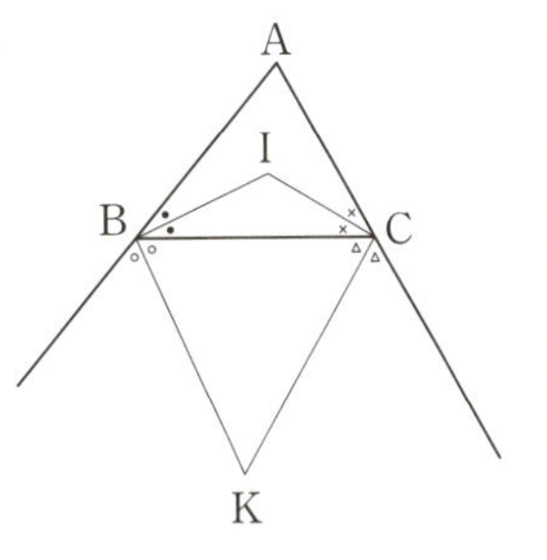

77 | 각의 이등분선과 변의 비

오른쪽 △ABC에서 ∠A 및 ∠A의 외각의 이등분선과 변 BC 및 그 연장과 만나는 점을 각각 D, E라고 한다면,

$$\frac{AB}{AC} = \frac{BD}{DC}(\text{내분}) = \frac{BE}{EC}(\text{외분})$$

이다.

예제 정리를 증명해 봅시다.

두 개로 나누어 증명해 봅시다. 우선 $\dfrac{AB}{AC} = \dfrac{BD}{DC}$ 를 정리해 봅시다. 점 C에서 DA와 평행이 되는 직선을 그어 BA의 연장과의 교점을 P라고 합시다. △BDA와 △BCP에서 ∠B는

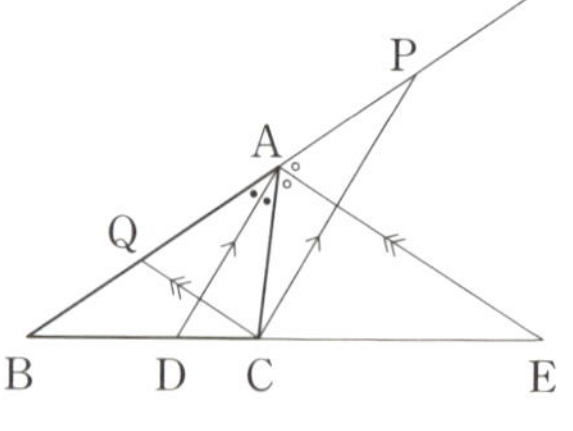

공통, ∠BAD＝∠BPC이므로 **두 쌍의 각이 각각 같기 때문에** △BDA∽△BCP입니다. 따라서 $\dfrac{BA}{BP} = \dfrac{BD}{BC}$ 라고 할 수 있습니다. 그리고 $\dfrac{AB}{AP} = \dfrac{BD}{DC}$ 라고도 할 수 있습니다.

한편 △ACP에서 ∠APC=∠BAD(평행선의 동위각), ∠BAD =∠CAD(가정에 의해), ∠CAD=∠ACP(평행선의 엇각)이므로 ∠APC=∠ACP라고 할 수 있기 때문에 △ACP는 이등변삼각형입니다. 따라서 AP=AC이므로 $\dfrac{AB}{AP}=\dfrac{BD}{DC}$에서 AP를 AC로 바꾸면 $\dfrac{AB}{AC}=\dfrac{BD}{DC}$임을 증명할 수 있습니다.

다음은 $\dfrac{AB}{AC}=\dfrac{BE}{EC}$를 공략해 봅시다. 점 C에서 EA와 평행이 되는 직선을 그어 BA와의 교점을 Q라고 합시다. △BCQ와 △BEA에서 ∠B는 공통, ∠BCQ=∠BEA이므로 **두 쌍의 각이 각각 같기 때문에** △BCQ∽△BEA입니다. 따라서 $\dfrac{BC}{BE}=\dfrac{BQ}{BA}$라고 할 수 있습니다. 그리고 $\dfrac{AB}{AQ}=\dfrac{BE}{EC}$라고도 할 수 있습니다. 한편 △AQC에서 ∠QCA=∠EAC(평행선의 엇각), ∠EAC=∠EAP(가정에 의해), ∠CQA=∠EAP(평행선의 동위각)이므로 ∠QCA=∠CQA라고 할 수 있기 때문에 ∠AQC는 이등변삼각형입니다. 따라서 AQ =AC이므로 $\dfrac{AB}{AQ}=\dfrac{BE}{EC}$의 AQ를 AC로 바꾸면, $\dfrac{AB}{AC}=\dfrac{BE}{EC}$가 증명됩니다.

고생 많으셨습니다!

78 체바의 정리

삼각형 내부의 점 O와 각 꼭짓점을
잇는 직선과 세 변과의 교점을 각각
L, M, N이라고 할 때,

$$\frac{AL}{LB} \times \frac{BM}{MC} \times \frac{CN}{NA} = 1$$

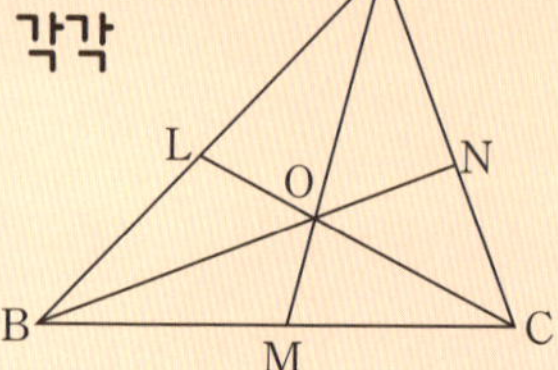

예제 정리를 증명해 봅시다.

여기부터 세 단원은 고등학교 수학입니다. '뭐? 고등학교?'라며 겁먹을 필요는 없습니다. 읽지 않아도 상관은 없지만 이왕 여기까지 왔으니 약간 무리(?)해서라도 읽어 보시기 바랍니다.

이번 정리는 '**체바의 정리**'라는 것입니다. 이름만 들어도 머리가 아픈 것 같습니다.

이 증명은 '**제 68장 평행선과 넓이의 비와 닮음비**'에서 소개했던 "두 삼각형의 넓이의 비는 밑변이 같을 때는 높이의 비가 되며 높이가 같을 때는 밑변의 비가 된다."를 역으로 이용합니다.

우선 $\dfrac{AL}{LB}$ 을 생각해 봅시다. 이때 주목해야 할 삼각형은 △AOC 와 △BOC입니다. OC를 공통되는 밑변이라고 생각하시기 바랍니다. $\dfrac{AL}{LB} = \dfrac{\triangle AOC}{\triangle BOC}$ 가 된다는 사실을 이해하시겠습니까?

다음은 $\dfrac{BM}{MC}$ 을 생각해 봅시다. 이때 주목해야 할 삼각형은 $\triangle BOA$ 와 $\triangle COA$입니다. OA를 공통되는 밑변이라고 생각하시기 바랍니다. $\dfrac{BM}{MC} = \dfrac{\triangle BOA}{\triangle COA}$ 입니다. 마지막으로 $\dfrac{CN}{NA}$ 을 생각해 봅시다. 주목해야 할 삼각형은 $\triangle COB$와 $\triangle AOB$입니다. OB를 공통되는 밑변이라고 생각하시기 바랍니다. $\dfrac{CN}{NA} = \dfrac{\triangle COB}{\triangle AOB}$ 입니다.

그럼 $\dfrac{AL}{LB} \times \dfrac{BM}{MC} \times \dfrac{CN}{NA}$ 을 삼각형으로 바꿔 봅시다. $\dfrac{AL}{LB} \times \dfrac{BM}{MC} \times \dfrac{CN}{NA} = \dfrac{\triangle AOC}{\triangle BOC} \times \dfrac{\triangle BOA}{\triangle COA} \times \dfrac{\triangle COB}{\triangle AOB} = 1$ 이 된다는 사실이 증명되었습니다.

연습문제

오른쪽 그림에서 $\dfrac{AL}{LB} = \dfrac{2}{3}$, $\dfrac{BM}{MC} = \dfrac{3}{2}$ 일 때 $\dfrac{CN}{NA}$ 을 구해 봅시다.

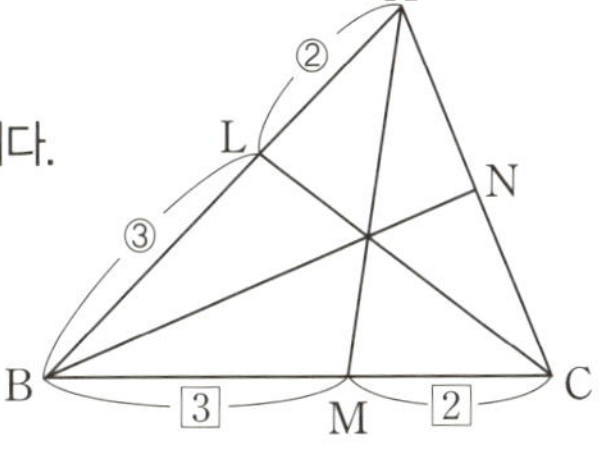

정리

$\triangle ABC$의 세 변 AB, BC, CA 또는 그 연장선이 한 직선 l과 각각 L, M, N에서 교차할 때,

$$\frac{AL}{LB} \times \frac{BM}{MC} \times \frac{CN}{NA} = 1$$

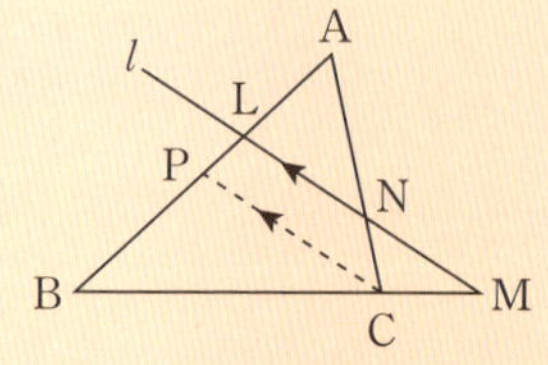

예제 정리를 증명해 봅시다.

이번 정리는 '메넬라우스의 정리'라고 합니다.

앞서 말한 '체바의 정리'와 매우 비슷합니다. 체바의 정리는 '삼각형과 점의 관계'에서 성립하는 정리였습니다. 이번 메넬라우스의 정리는 '삼각형과 직선의 관계'에서 성립되는 정리입니다.

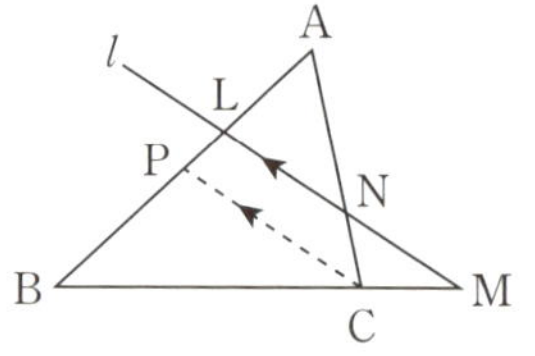

증명해 보기로 합시다. 점 C를 지나 직선 l과 평행한 직선과 변 AB와의 교점을 P라고 한다면, $\triangle BCP \backsim \triangle BML$이므로 $\frac{BM}{MC}$ $= \frac{BL}{LP}$, $\triangle ALN \backsim \triangle APC$이므로 $\frac{CN}{NA} = \frac{PL}{LA}$, 따라서 정리의 좌

변 $\dfrac{AL}{LB} \times \dfrac{BM}{MC} \times \dfrac{CN}{NA} = \dfrac{AL}{LB} \times \dfrac{BL}{LP} \times \dfrac{PL}{LA} = 1$로 메넬라우스의 정리가 증명됩니다.

앞 단원의 '**체바의 정리**', 이번 단원의 '**메넬라우스의 정리**'는 외우기 약간 어렵지만 다음과 같은 순서로 외워 두기로 합시다.

▶ 체바의 정리

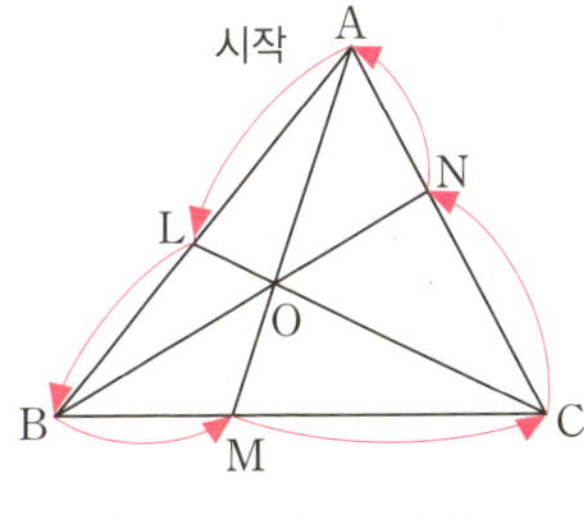

$$\dfrac{AL}{LB} \times \dfrac{BM}{MC} \times \dfrac{CN}{NA} = 1$$

▶ 메넬라우스의 정리

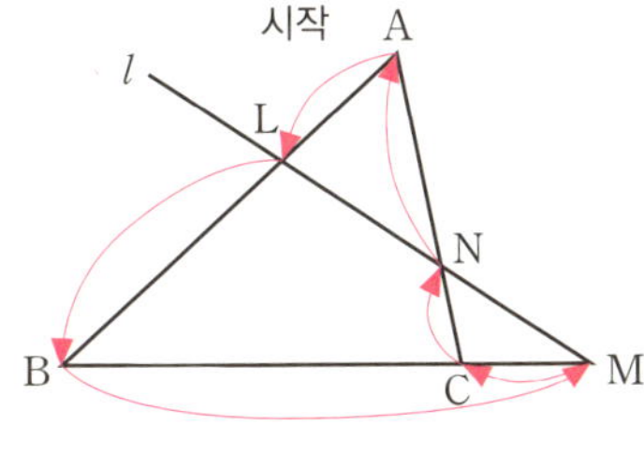

$$\dfrac{AL}{LB} \times \dfrac{BM}{MC} \times \dfrac{CN}{NA} = 1$$

연습문제

오른쪽 그림에서 점 L이 변 AB의 중점이고 $AG:GM = 2:1$일 때, 점 M은 어떤 점일까요?

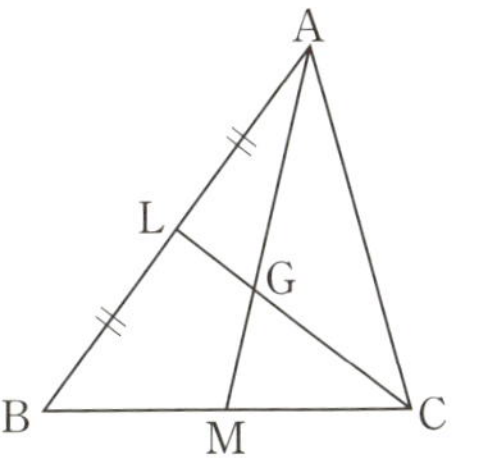

톨레미의 정리

오른쪽처럼 원에 내접하는
사각형의 변과 대각선의 길이
사이에는,

$$AB \times CD + BC \times DA$$
$$= AC \times BD \text{가 성립한다.}$$

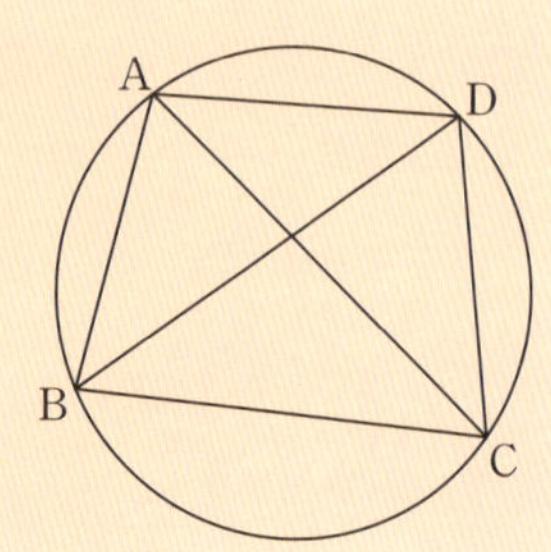

정리를 증명해 봅시다.

앞서 말했던 '**체바의 정리**', '**메넬라우스의 정리**'와 이 '**톨레미의 정리**'는 학자의 이름이 정리의 이름으로 쓰이고 있습니다. 학자의 이름이 정리의 이름으로 쓰이는 것 중 유명한 것으로는 '**피타고라스의 정리**'가 있습니다. 이것에 대해서는 나중에 다루겠으니 기대하시기 바랍니다.

그럼 **톨레미의 정리**를 증명해 봅시다. 오른쪽 그림처럼 $\angle BAE = \angle CAD$

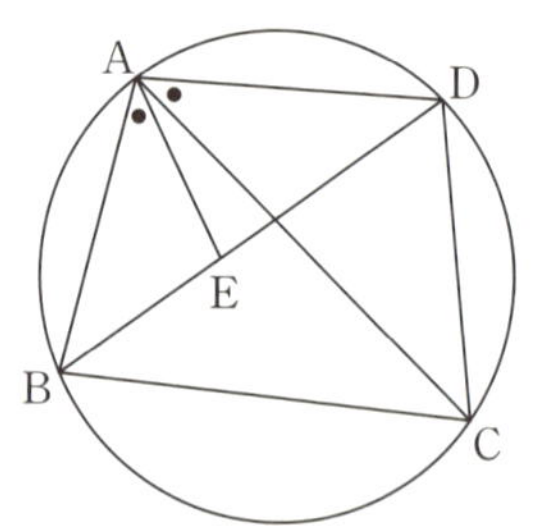

가 되는 점 E를 찍습니다.

△ABE ∽ △ACD이므로 AB:BE＝AC:CD이기 때문에 AB×CD＝BE×AC입니다.

그리고 ∠BAC＝∠EAD이므로, △ABC ∽ △AED이기 때문에 BC:CA＝ED:DA, 따라서 BC×DA＝CA×ED입니다.

각각을 더하면

$$AB×CD＋BC×DA＝BE×AC＋CA×ED$$
$$AB×CD＋BC×DA＝AC×(BE＋ED)$$
$$AB×CD＋BC×DA＝AC×BD$$

이므로 **톨레미의 정리**가 증명됩니다. 톨레미의 정리란 **원에 내접하는 사각형 대변의 곱의 합은 대각선의 곱과 같다**는 것입니다.

연습문제

오른쪽 그림처럼 원 O의 지름 AB를 한 변으로 하는 사각형 ABCD가 있습니다. 대각선의 교점을 E라고 할 때, AE×AC＋BE×BD＝AB²이 성립함을 증명해 봅시다.

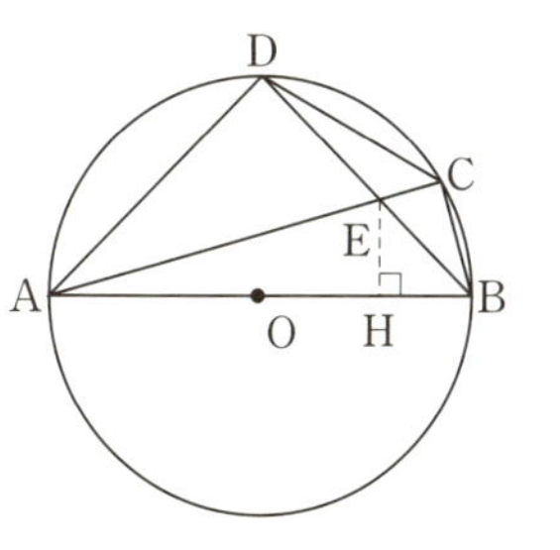

가장 이상적인 비율이라 알려져 있는 변의 비는 $1 : \dfrac{\sqrt{5}-1}{2}$

$\triangle ABC$의 세 개의 중선은 한 점 G에서 교차하며,

$$\dfrac{AG}{GL} = \dfrac{BG}{GM} = \dfrac{CG}{GN} = \dfrac{2}{1}$$ [그림 1 참고]

$\triangle ABC$의 세 내각의 이등분선은 한 점 I에서 교차하며, $ID = IE = IF$ 이다. [그림 2 참고]

$\triangle ABC$의 세 변의 수직이등분선은 한 점 O에서 교차하며, $OA = OB = OC$ 이다. [그림 3 참고]

$\triangle ABC$의 세 꼭짓점에서 대변으로 그은 수선은 한 점 H에서 교차한다. [그림 4 참고]

$\triangle ABC$의 한 각의 이등분선과 다른 두 각의 외각의 이등분선은 한 점 K에서 교차하며, $KL = KM = KN$이다. [그림 5 참고]

[그림 6]의 $\triangle ABC$에서 $\angle A$ 및 $\angle A$의 외각의 이등분선과 변 BC 및 그 연장과 만나는 점을 각각 D, E라고 한다면, $\dfrac{AB}{AC} = \dfrac{BD}{DC}$(내분)$= \dfrac{BE}{EC}$ (외분)이다.

삼각형 내부의 점 O와 각 꼭짓점을 잇는 직선과 세 변과의 교점을 각각 L, M, N이라고 할 때, $\dfrac{AL}{LB} \times \dfrac{BM}{MC} \times \dfrac{CN}{NA} = 1$ [그림 7 참고]

$\triangle ABC$의 세 변 AB, BC, CA 또는 그 연장선이 한 직선 l과 각각 L, M, N에서 교차할 때, $\dfrac{AL}{LB} \times \dfrac{BM}{MC} \times \dfrac{CN}{NA} = 1$ [그림 8 참고]

[그림 9]처럼 원에 내접하는 사각형의 변과 대각선의 길이 사이에는, $AB \times CD + BC \times DA = AC \times BD$가 성립한다.

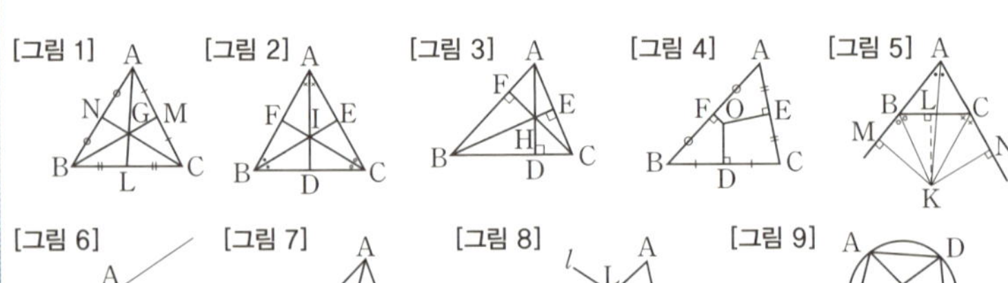

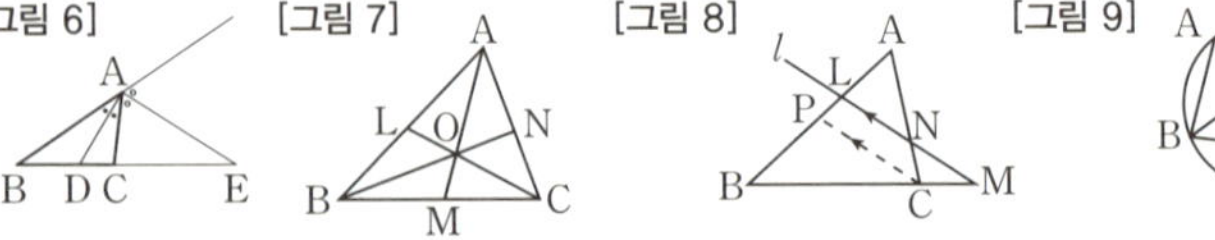

오늘은 황금비를 배워 보겠어요.
양순이, 황금비가 뭐죠?
네! 황금비란
하늘에서 황금이 비처럼 떨어지는 거요.
와! 완전 무식하다. 크하하하하하하!!!
양, 양순아.
양순아 왜 밥 안먹고 시무룩해 있니?
엄마는 황금비가 뭔지 알아요?
그럼 알지. 사실 우리도 황금비 신체야.
1.618
그래서 1:1.618이란다
이건 비너스의 황금비 라고 하지. 어유~내 몸매가 이랬으면 참.
1.618
아!
황금비 조작중인 양순ᆢ
에헤헤, 이러면 나도 비너스지~!
1.618
실은 그 반대지만 ㅋㅋ

공식

각기둥의 겉넓이 → $S = (옆넓이) + 2 \times (밑넓이)$

원기둥의 겉넓이 → $S = 2\pi rh + 2\pi r^2$

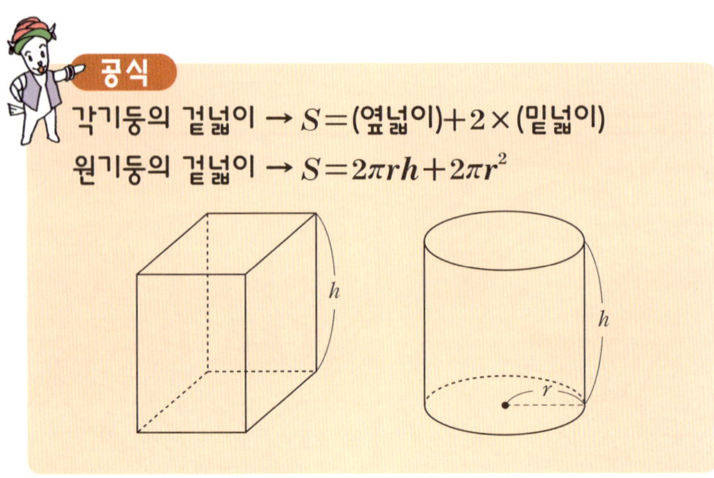

예제 다음 각기둥과 원기둥의 겉넓이를 구해 봅시다.

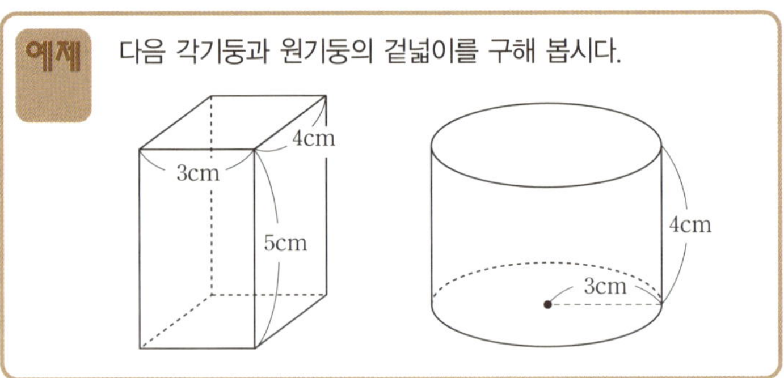

한동안 어려운 내용이 계속됐는데 드디어 고비를 넘겼습니다. 여기서부터는 간단한 구적(求積)에 관한 내용입니다. **구적**이란 평면이나 입체의 넓이나 부피를 구하는 것을 말합니다. 여기서는 **각기**

둥 · 원기둥을 다루도록 하겠습니다.

공식을 사용하면 단번에 계산할 수 있지만 우선은 기본부터 복습하기로 합시다.

겉넓이를 구할 때는 **전개도**를 이용하면 효과적입니다.

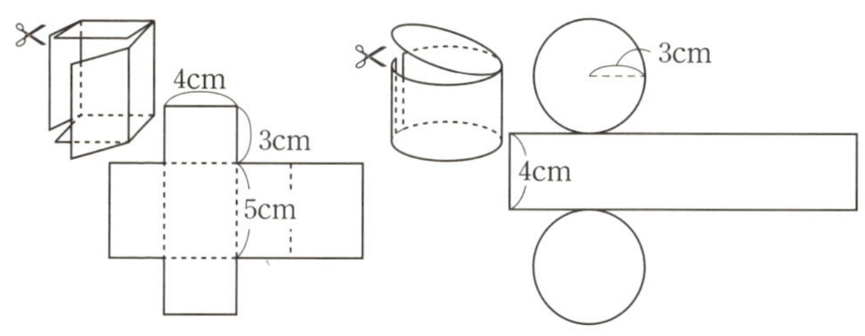

겉넓이를 구할 때 흔히 틀리기 쉬운 점은 **"밑변이 두 개이다."**는 사실을 잊는 경우입니다. 전개도를 그려 보면 그런 실수를 막을 수 있습니다.

예제 ①은 $(4+3+4+3) \times 5 + 2 \times 4 \times 3 = 94(\text{cm}^2)$ 입니다. ②는 $2\pi \times 3 \times 4 + 2\pi \times 3^2 = 24\pi + 18\pi = 42\pi(\text{cm}^2)$ 입니다.

연습문제

다음 각기둥과 원기둥의 겉넓이를 구해 봅시다.

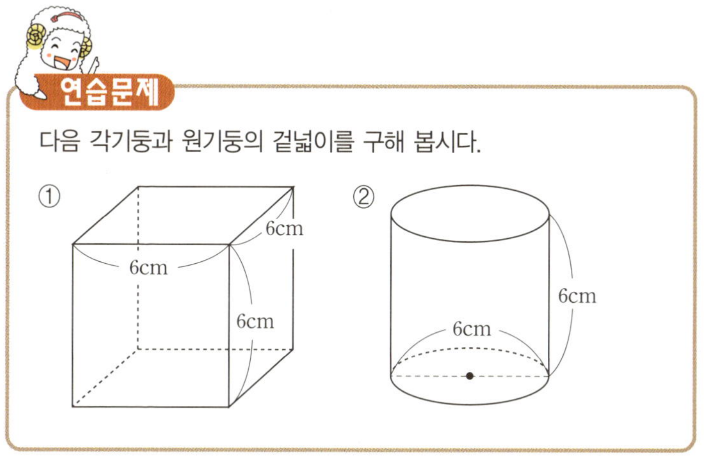

공식

각뿔의 겉넓이 → $S = (옆넓이) + (밑넓이)$

원뿔의 겉넓이 → $S = \pi r R + \pi r^2$

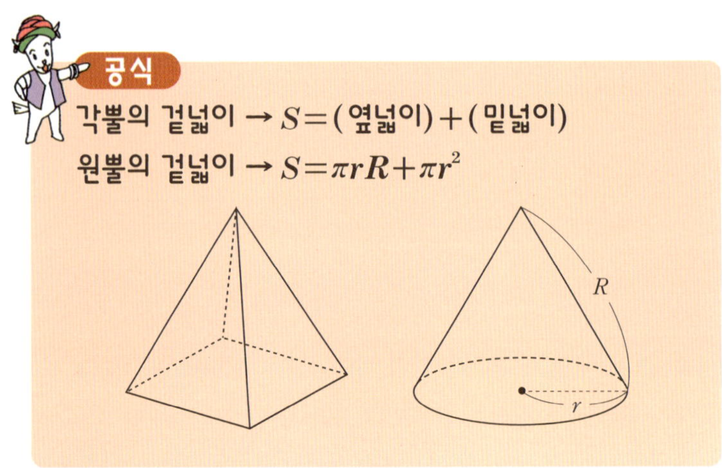

예제 다음 각뿔과 원뿔의 겉넓이를 구해 봅시다.

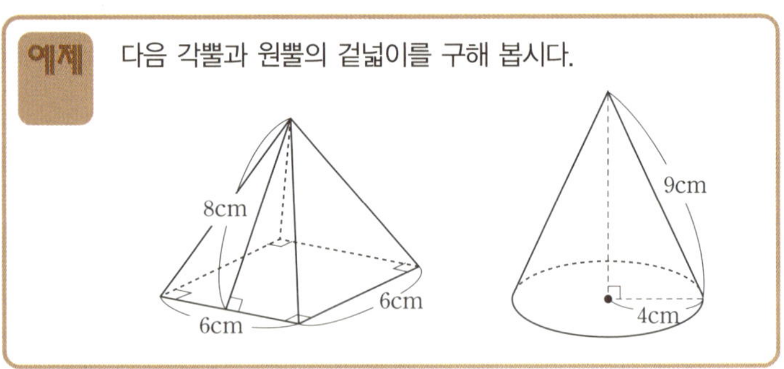

각뿔이나 원뿔은 각기둥이나 원기둥과는 달리 **끝이 뾰족합니다.**

전개도를 그리면 다음과 같이 됩니다. 각뿔의 옆면은 **삼각형**이 되고 원뿔의 옆면은 **부채꼴**이 됩니다. 여기서는 **부채꼴의 넓이**를 구하는

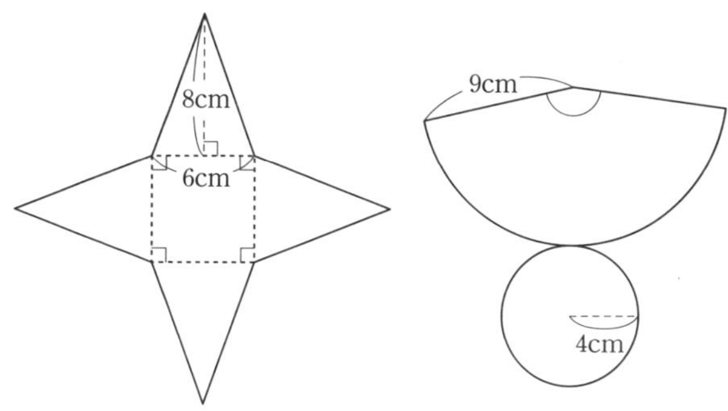

방법이 포인트입니다.

예제 ①은 밑변 6cm, 높이 8cm인 삼각형 네 개의 넓이와 한 변이 6cm인 정사각형의 넓이의 합이 되기 때문에 $6 \times 8 \div 2 \times 4 + 6 \times 6 = 132(\mathrm{cm}^2)$입니다.

②는 옆면인 부채꼴 모양의 중심각을 모르면 넓이를 구할 수 없습니다. 이 경우는 **밑면의 원주＝옆면의 호의 길이**이므로 호의 길이 $2\pi \times 4 = 8\pi$가 반지름 9cm인 원의 원주 $2\pi \times 9 = 18\pi$의 어느 정도를 점하는지를 계산하여 중심각을 구합니다. 중심각은 $360° \times \dfrac{8\pi}{18\pi} = 160°$입니다. 따라서 $\pi \times 9^2 \times \dfrac{160}{360} + \pi \times 4^2 = 52\pi(\mathrm{cm}^2)$가 됩니다. 여기서 다시 한 번 부채꼴의 넓이를 구하는 방법을 생각해 보시기 바랍니다. $\dfrac{1}{2}rl$, $\dfrac{1}{2} \times$ **반지름** $\times$ **호의 길이**입니다. 그렇다면 ②의 옆넓이(부채꼴의 넓이)는 $\dfrac{1}{2} \times 9 \times 8\pi = 36\pi(\mathrm{cm}^2)$가 됩니다. 그리고 $l = 2\pi r$이므로 $\dfrac{1}{2}Rl = \dfrac{1}{2} \times R \times \underline{2\pi r} = \pi r R$이기 때문에 ②의 겉넓이는 $\pi \times 4 \times 9 = 36(\mathrm{cm}^2)$라고도 구할 수 있습니다.

공식

각기둥의 부피 → $V = (\text{밑넓이}) \times (\text{높이})$

원기둥의 부피 → $V = \pi r^2 h$

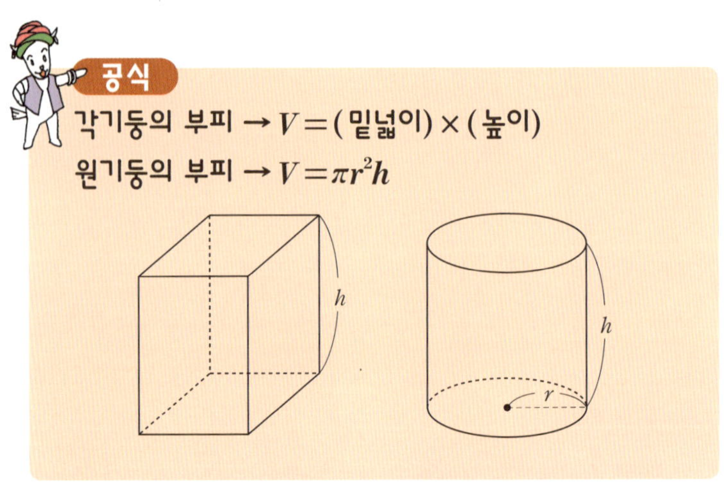

예제　다음 각기둥과 원기둥의 부피를 구해 봅시다.

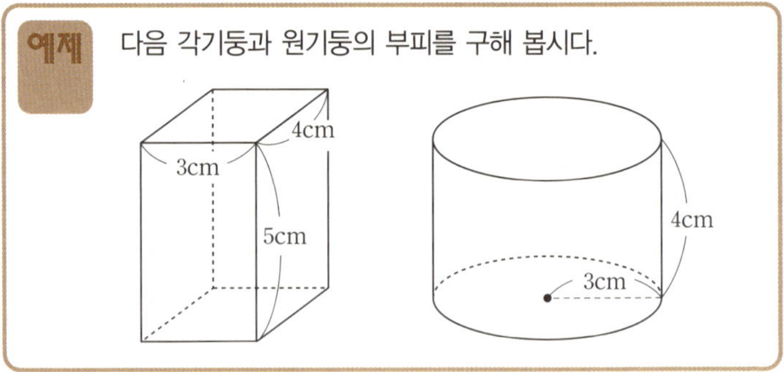

　각기둥과 원기둥의 부피를 계산할 때는 겉넓이를 계산할 때처럼 (옆넓이)＋(밑넓이)와 같이 더하기가 없고 곱하기만으로 한 번에 구할 수 있기 때문에 시원합니다. 예제 ①은 $3 \times 4 \times 5 = 60 (\text{cm}^3)$, ②

는 $\pi \times 3^2 \times 4 = 36\pi\,(\text{cm}^3)$ 입니다.

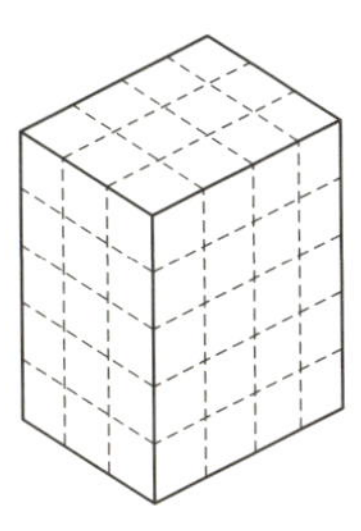

이번에는 이것으로 끝! 하지만 이것만 가지고는 너무 싱거운 듯하니 부피에 대해서 복습해 보기로 합시다. 직육면체의 부피는 한 변이 1cm인 정육면체가 몇 개 있는가로 생각해 볼 수 있습니다. 오른쪽 그림에서처럼 $3 \times 4 \times 5$ $=60$개이므로 60cm^3이라고 생각하는 것입니다. 어떻습니까? 생각 나십니까?

참고로 오른쪽 그림처럼 생각하면 **각기둥**과 **원기둥** 모두 $V = (밑넓이) \times (높이)$ 라는 식이 성립됩니다.

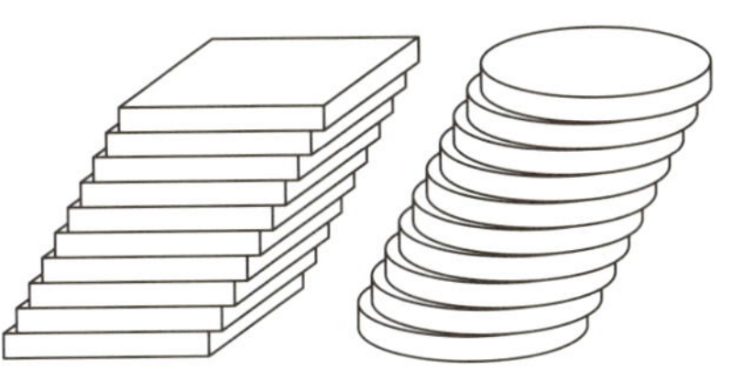

연습문제

다음 각기둥과 원기둥의 부피를 구해 봅시다.

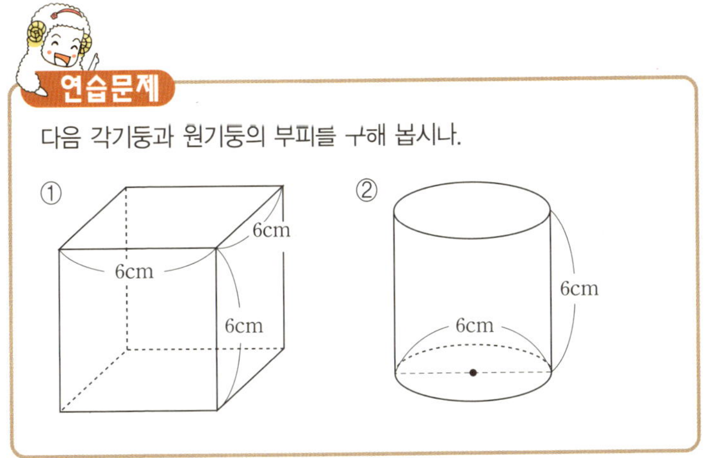

각뿔·원뿔의 부피

공식

각뿔의 부피 → $V = \dfrac{1}{3} \times (밑넓이) \times (높이)$

원뿔의 부피 → $V = \dfrac{1}{3}\pi r^2 h$

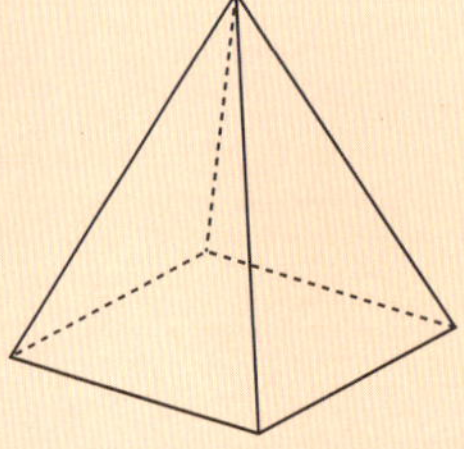

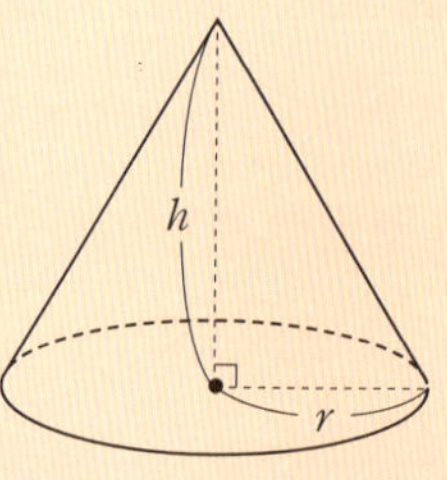

예제 다음 각뿔과 원뿔의 부피를 구해 봅시다.

① 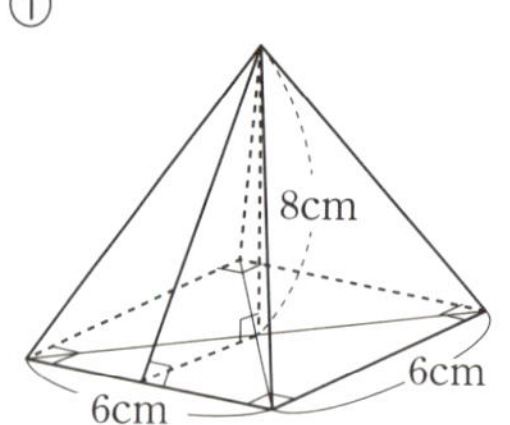

② 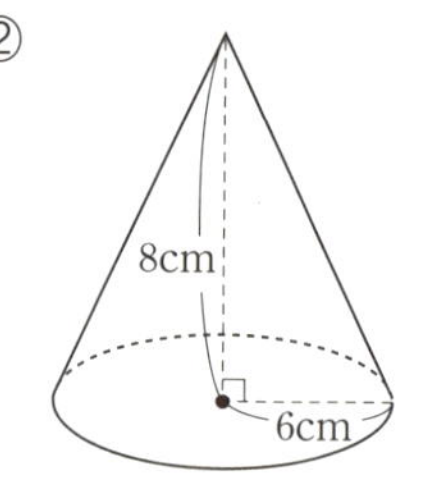

각뿔이나 원뿔의 부피는 같은 밑면, 높이를 가진 각기둥이나 원기둥의 부피의 $\dfrac{1}{3}$입니다. ①은 $6 \times 6 \times 8 \times \dfrac{1}{3} = 96(\text{cm}^3)$, ②는

194

$\pi \times 6^2 \times 8 \times \dfrac{1}{3} = 96\pi \, (\text{cm}^3)$ 입니다. 그렇다면 어째서 $\dfrac{1}{3}$ 일까요? 다음 그림과 같은 정사각형으로 생각해 봅시다.

정사각형을 대각선으로 잘라 보면, 밑면이 정사각형이고 높이가 한 변의 절반으로 똑같은 여섯 개의 정사각뿔이 생깁니다. 이 정사각뿔과 같은 밑면과 높이를 가진 사각기둥은 두 개입니다. 따라서 뿔 모양의 부

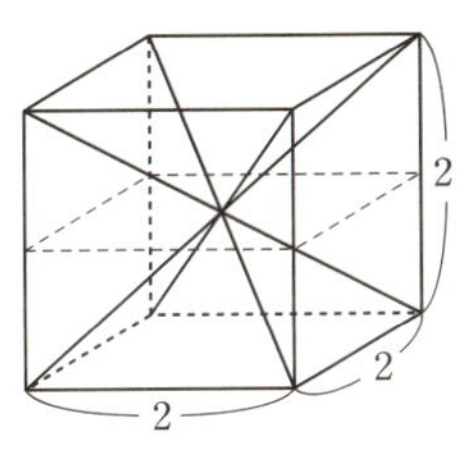

피는 기둥 모양의 부피의 $\dfrac{1}{3}$ 이라는 사실을 알 수 있습니다.

조금 더 구체적으로 생각해 보기로 합시다. 정사각형 한 변의 길이를 2라고 하면 부피는 $2 \times 2 \times 2 = 8$ 입니다. 만들어진 여섯 개의 정사각뿔의 부피는 $8 \div 6 = \dfrac{4}{3}$ 입니다. 따라서 정사각뿔과 같은 밑면과 높이를 가진 사각기둥의 부피는 정육면체의 $\dfrac{1}{2}$ 이므로 4입니다. $\dfrac{4}{3} \div 4 = \dfrac{1}{3}$ 이기 때문에 역시 뿔 모양의 부피는 기둥 모양의 부피의 $\dfrac{1}{3}$ 입니다.

연습문제

다음 각뿔과 원뿔의 부피를 구해 봅시다.

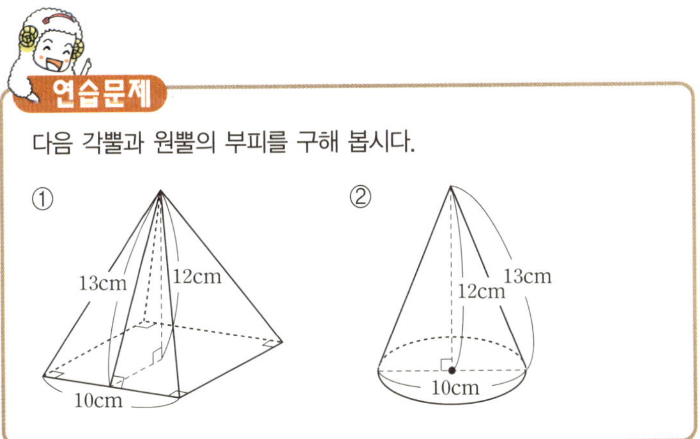

85 구의 겉넓이와 부피

구의 겉넓이 → $S=4\pi r^2$

구의 부피 → $V=\dfrac{4}{3}\pi r^3$

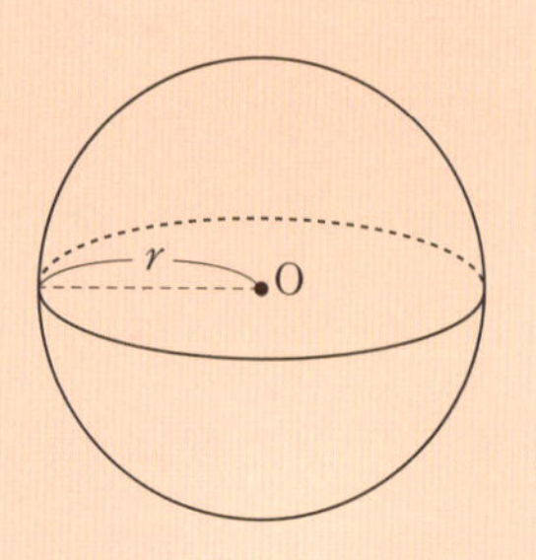

예제 반지름이 3cm인 구의 겉넓이와 부피를 구해 봅시다.

우선 예제를 풀어 봅시다. 겉넓이는 $4\pi \times 3^2 = 36\pi\,(\mathrm{cm}^2)$, 부피는 $\dfrac{4}{3}\pi \times 3^3 = 36\pi\,(\mathrm{cm}^3)$ 입니다.

여기서 겉넓이의 공식에 있는 '4'와 부피의 공식에 있는 '$\dfrac{4}{3}$'는 무엇을 근거로 쓰이는 것일까요? 우선 겉넓이부터 생각해 봅시다. 구의 표면을 분할해 봅시다.

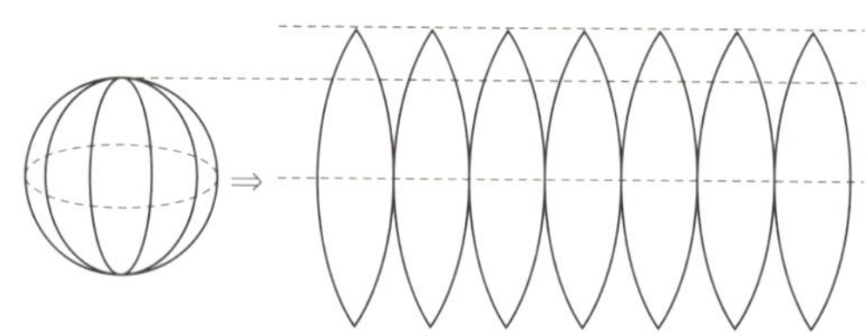

85

세계지도에도 이런 모양이 있습니다. 지구는 **구**인데, **구를 평면에 나타내기에는 아무래도 무리가 있습니다.** 이 분할한 것을 구가 꼭 맞게 들어가는 원기둥에 붙인다고 생각해 봅시다. 구의 겉넓이와 원주의 옆넓이가 같을 것 같다는 생각이 들지 않습니까? 이 원기둥의 밑면은 반지름이 r, 높이는 $2r$이니 원기둥의 옆넓이는 $S=2\pi \times 2r=4\pi r^2$입니다. 이것이 구의 넓이를 구하는 방법입니다.

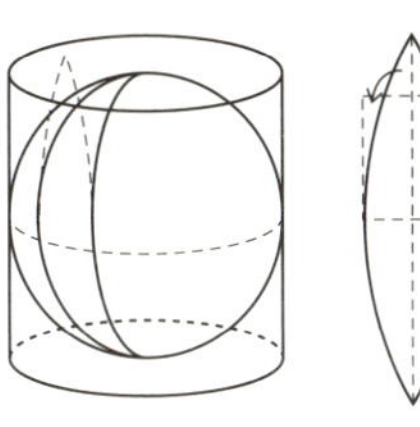

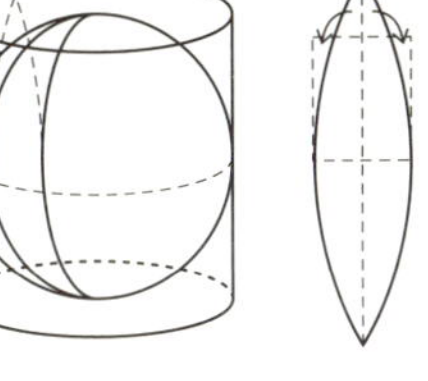

그렇다면 부피는 어떻게 구하면 될까요?

오른쪽 그림과 같이 **사각뿔처럼 생긴 것**을 차례로 뽑아낸다고 생각해 봅시다. 이 사각뿔처럼 생긴 것을 빽빽하게 늘어놓으면 **밑면의 합은 구의 겉넓이**가 되며, **높이는 구의 반지름**이 됩니다. 여기서는 상상력이 중요합니다! 따라서 $V=\dfrac{1}{3}\times(\text{구의 겉넓이})\times(\text{구의 반지름})=\dfrac{1}{3}\times 4\pi r^2 \times r=\dfrac{4}{3}\pi r^3$이 됩니다.

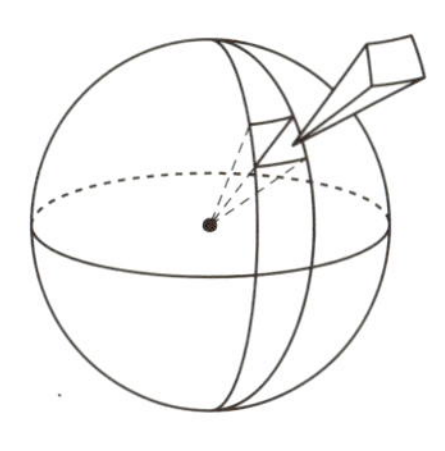

오른쪽 그림처럼 밑면의 지름과 높이가 같은 원기둥에 꼭 맞게 들어가는 구와 원뿔이 있습니다. 원기둥, 구, 원뿔의 부피의 비를 구해 봅시다.

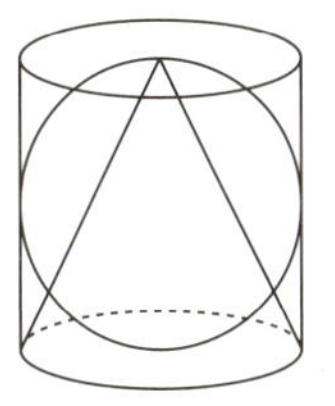

86 닮은꼴 도형의 계량

공식

닮은꼴 도형에서 넓이의 비는 $(닮음비)^2$, 부피의 비는 $(닮음비)^3$이다.

예제 반지름의 비가 2:3인 구의 겉넓이의 비와 부피의 비를 구해 봅시다.

앞 단원까지는 여러 입체도형의 겉넓이와 부피를 구하는 공식에 대해서 알아보았습니다. 이번에는 **닮은꼴 입체도형**에 대해서 생각해 봅시다.

우선은 겉넓이부터 구해 봅시다. 예제에서 반지름의 비가 2:3인 구의 반지름을 $2r$, $3r$이라고 한다면 겉넓이의 비는 $4\pi r^2 : 9\pi r^2 = 4 : 9 = 2^2 : 3^2$으로 **닮음비의 제곱**이 됩니다. 마찬가지로 부피의 비는 $\frac{4}{3}\pi \times (2r)^3 : \frac{4}{3}\pi \times (3r)^3 = 8 : 27 = 2^3 : 3^3$으로 **닮음비의 세제곱**이 됩니다. 이 **겉넓이의 비=$(닮음비)^2$, 부피의 비=$(닮음비)^3$**은 모든 닮은꼴 입체도형에 적용됩니다.

이러한 관계를 이용하여 오른쪽 그림처럼 원뿔을 두 개의 평면으로 세 등분을

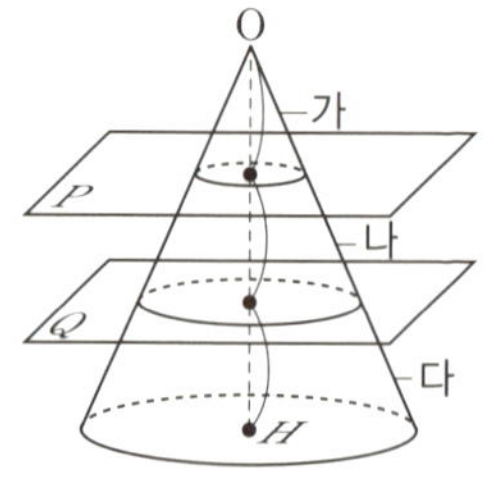

했을 때 생기는 **가, 나, 다** 세 입체도형의 부피의 비를 비교해 봅시다.

평면 P 위에 밑면이 있는 원뿔을 V_1, 평면 Q 위에 밑면이 있는 원뿔을 V_2, 원 H를 밑면으로 하는 원뿔을 V_3라고 한다면 이들 세 입체도형은 닮은꼴로 닮음비가 $1:2:3$이기 때문에 $V_2=2^3V_1=8V_1$, $V_3=3^3V_1=27V_1$이 되어, 세 부분의 부피는 가$=V_1$, 나$=8V_1-V_1$, 다$=27V_1-8V_1$이 됩니다. 따라서 가:나:다는 $1:7:19$입니다. 실제로 부피를 계산하지 않아도 부피의 비를 구할 수 있습니다.

지름이 1m인 쇠공을 녹여서 지름 5cm인 쇠공을 몇 개나 만들 수 있을까요? 두 쇠공의 닮음비는 $100:5=20:1$이니 부피의 비는 $20^3:1^3=8{,}000:1$입니다. 따라서 지름 5cm인 쇠공 8,000개를 만들 수 있습니다.

그리고 오른쪽 그림과 같은 원뿔형 잔에 주스를 따를 때, 깊이가 두 배가 되면 부어야 하는 주스의 양은 $2^3=8$(배)가 됩니다.

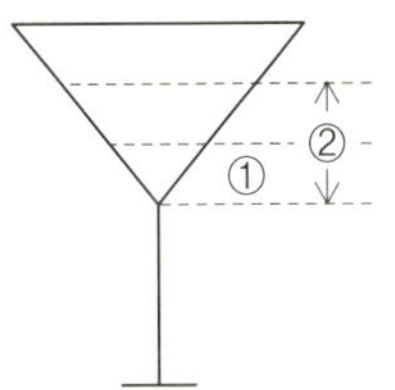

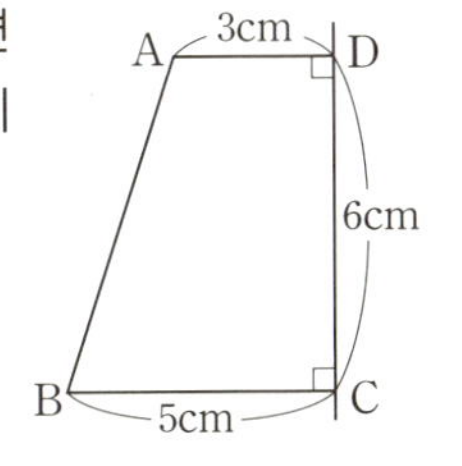

연습문제

오른쪽 그림과 같은 사다리꼴 ABCD를 변 CD를 축으로 하여 한 바퀴 돌렸을 때 생기는 원뿔대의 부피를 구해 봅시다.

87 정다면체

정다면체의 종류는 다음의 다섯 가지밖에 없다.
정사면체, 정육면체, 정팔면체, 정십이면체, 정이십면체

예제 다음 중 정육면체의 전개도가 <u>아닌</u> 것은 어떤 것일까요?

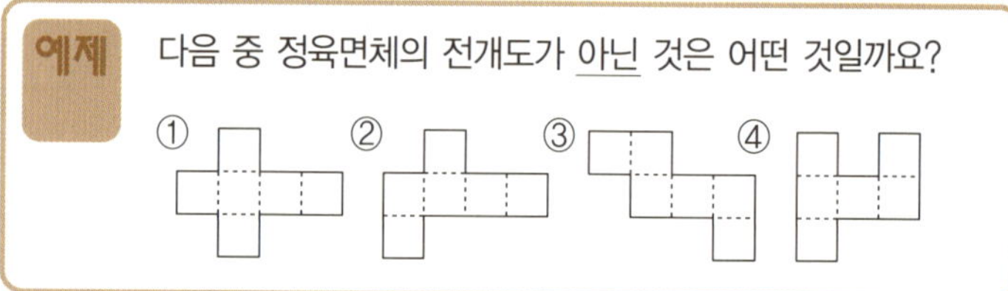

다면체 중에서 다음과 같은 두 개의 성질을 가지고 있으며, 움푹 들어간 부분이 없는 것을 **정다면체**라고 합니다.

① 모든 면이 합동인 정다각형이다.

② 모든 꼭짓점에 모이는 면의 수가 같다.

그런데 정다면체에는 **정사면체, 정육면체, 정팔면체, 정십이면체, 정이십면체**, 이렇게 다섯 종류밖에 없습니다. 정육면체 이외의 전개도는 다음과 같습니다.

정사면체   정팔면체

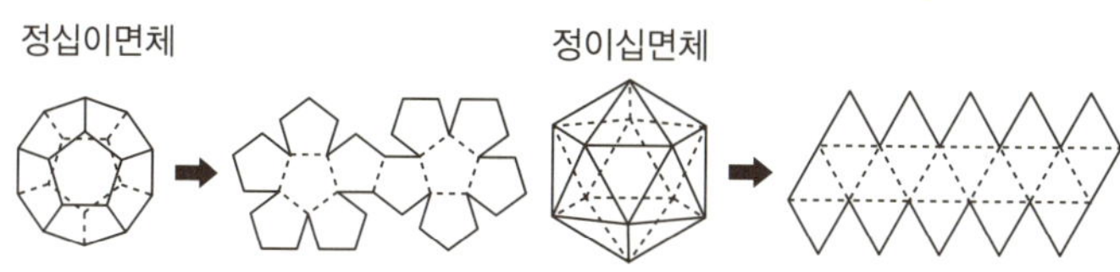

예제의 답은 ④입니다. 정육면체의 전개도는 예제의 ①~③ 외에도 다음과 같은 여덟 종류가 있습니다.

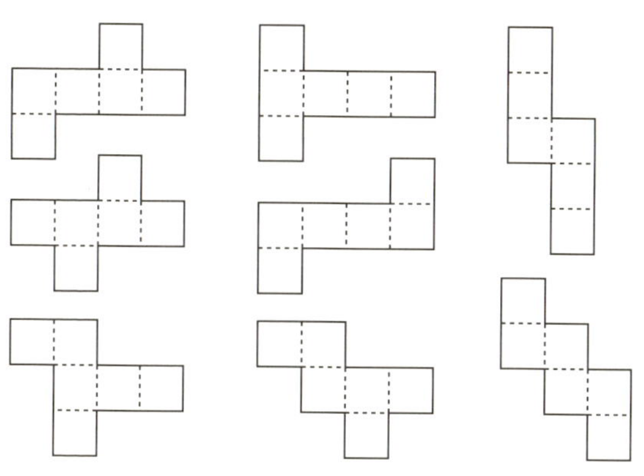

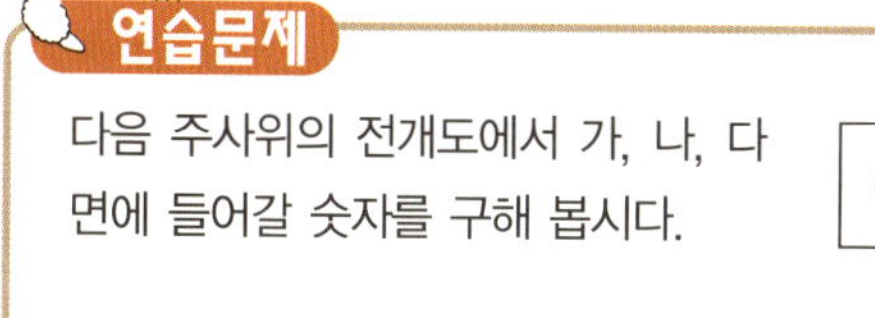

다음 주사위의 전개도에서 가, 나, 다 면에 들어갈 숫자를 구해 봅시다.

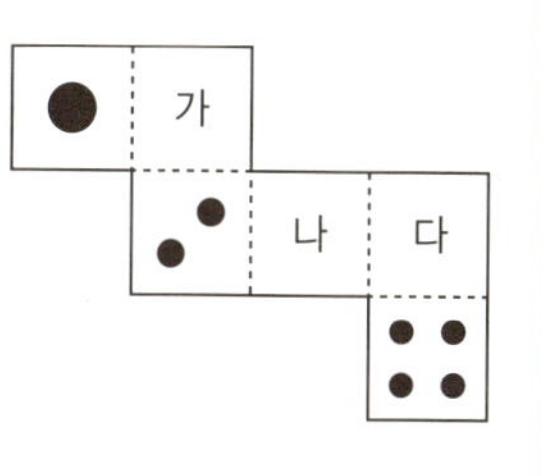

88 | 오일러의 다면체 정리

다면체에서 면의 수를 f, 변의 수를 e, 꼭짓점의 수를 v라고 한다면, $f-e+v=2$이다.

예제 다음 표로 오일러의 다면체 정리가 성립됨을 확인해 봅시다.

	면의 수	꼭짓점의 수	변의 수
정사면체	4	4	6
정육면체	6	8	12
정팔면체	8	6	12
정십이면체	12	20	30
정이십면체	20	12	30

오일러의 다면체 정리란, 모든 다면체에서 (면의 수)−(변의 수)+(꼭짓점의 수)=2가 된다는 것입니다. 표의 수치를 사용해서 확인해 보겠습니다. 정사면체에서는 $4-6+4=2$, 정육면체에서는 $6-12+8=2$, 정팔면체에서는 $8-12+6=2$, 정십이면체에서는 $12-30+20=2$, 정이십면체에서는 $20-30+12=2$, 틀림없이 성립합니다.

앞 단원에서 **정다면체에는 다섯 종류밖에 없다**고 소개했습니다. 이 다섯 종류의 정다면체를 보면 정다면체를 구성하는 면은 **정삼각형, 정사각형, 정오각형**밖에 없다는 사실을 알 수 있습니다. 정사면체, 정팔면체, 정이십면체는 **정삼각형**으로 구성되어 있으며, 정육면체는 **정사각형**으로 구성되어 있고, 정십이면체는 **정오각형**으로 구성되어 있습니다. 그렇다면 정다면체를 구성하는 면은 어째서 **정삼각형, 정사각형, 정오각형**밖에 없을까요?

우선, 정다면체가 존재하기 위해서는 '**한 개의 꼭짓점에 모이는 면의 개수는 세 개 이상**' 그리고 "**꼭짓점 주위의 꼭지각의 합계는 360° 보다 작다.**"라는 조건이 필요합니다. 정다면체를 구성하는 하나하나의 면을 정n각형(n은 3 이상)이라고 한다면 꼭지각의 크기는 $(n-2) \times 180° \div n$이기 때문에 $3 \times \{(n-2) \times 180° \div n\} < 360°$가 성립합니다. 이것을 풀면 $n < 6$이 되어, n의 값은 3, 4, 5임을 알 수 있습니다. 다시 말해서 정다면체를 구성하는 것은 정삼각형, 정사각형, 정오각형밖에 없습니다.

그런데 오른쪽 그림처럼 구멍이 뚫린 다면체에서 오일러의 정리는, $f-e+v=0$입니다. 그리고 구멍이 하나 더 있어서 두 개가 되면 $f-e+v=-2$, 구멍의 수가 n개가 되면 $f-e+v=2-2n$이 됩니다.

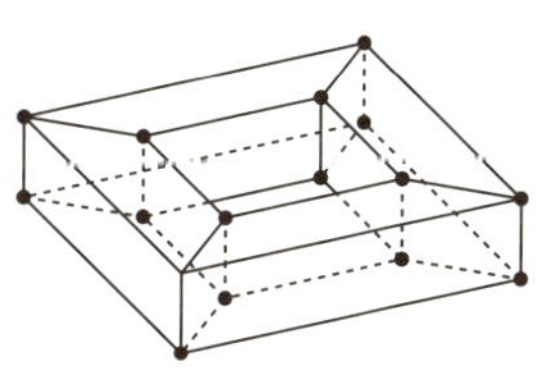

정육면체의 단면

공식

평면은 세 개의 점으로 결정된다.

예제 오른쪽 그림처럼 정육면체를 변 AE를 포함하는 평면으로 잘랐을 때 단면의 모양은 어떻게 변할까요?

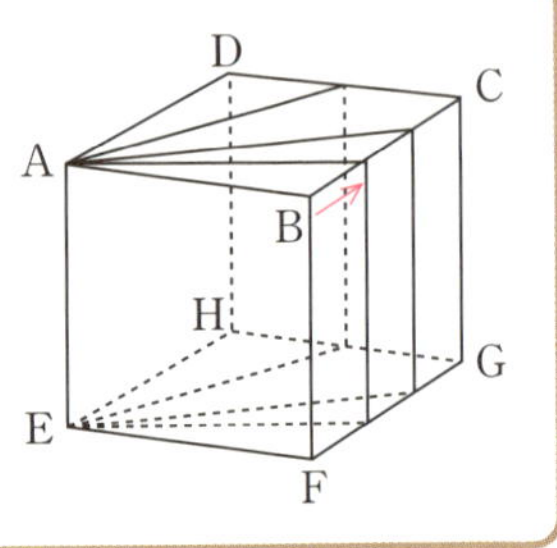

입체도형의 단면 모양을 생각하는 문제를 어려워하는 분들도 상당히 많으리라 생각됩니다. 지우개를 칼로 잘라서 **단면**의 모양을 확인하거나 하지는 않았습니까?

당연한 얘기지만 **단면**의 모양은 평면입니다. 그리고 예제에서는 두 점 A, E와 또 다른 하나의 점에 의해서 **단면**의 모양이 결정됩니다. 이 경우에 또 다른 하나의 점은 변 BC, CD 위의 점입니다. 예제에서는 정사각형 (AEFB) → 직사각형 → 정사각형(AEHD) 이 됩니다. 오른쪽 그림처럼 두 점 A, B를 포함하는 평면은 무수히 있지만, 세 번째 점

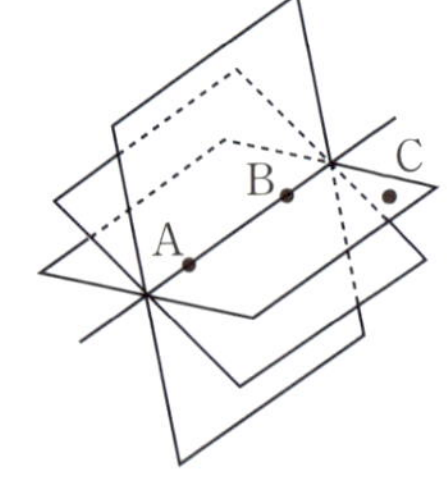

C를 결정하면 평면을 하나로 결정할 수 있습니다.

같은 직선 위에 있지 않은 세 점을 지나는 평면은 하나밖에 없습니다.

그런데 정육면체를 평면으로 자르면 그 **단면**은 **삼각형, 사각형, 오각형, 육각형**, 네 종류가 됩니다. 이것은 다음 그림처럼 세 점을 생각해 보면 쉽게 알 수 있습니다.

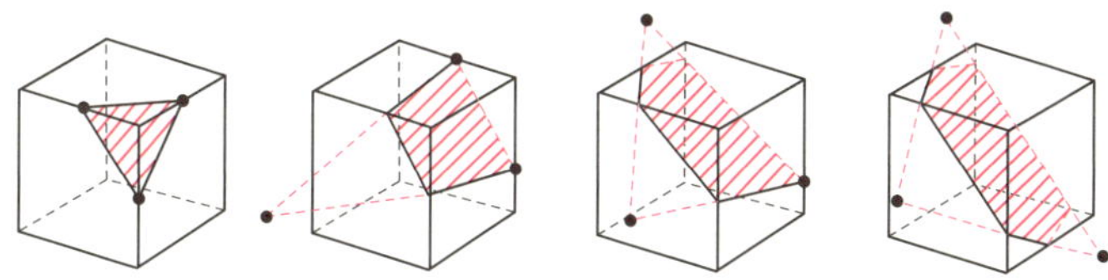

단면의 평면이 정육면체의 몇 개의 변과 만나는지를 생각해 보면 순서대로 3변, 4변, 5변, 6변이 된다는 사실을 알 수 있고 **다면체의 면의 수보다 많은 다각형은 생기지 않는다**는 사실도 알 수 있습니다. 정육각형 **단면**의 모양이 칠각형 이상이 되는 일은 있을 수 없습니다.

연습문제

오른쪽 그림과 같은 정육면체를 대각선 AC와 점 P를 포함하는 평면으로 잘랐습니다.

점 P가 그림과 같이 꼭짓점 B에서부터 밑면의 대각선의 교점 O까지 이동하면, 차례대로 어떤 도형이 생길까요?

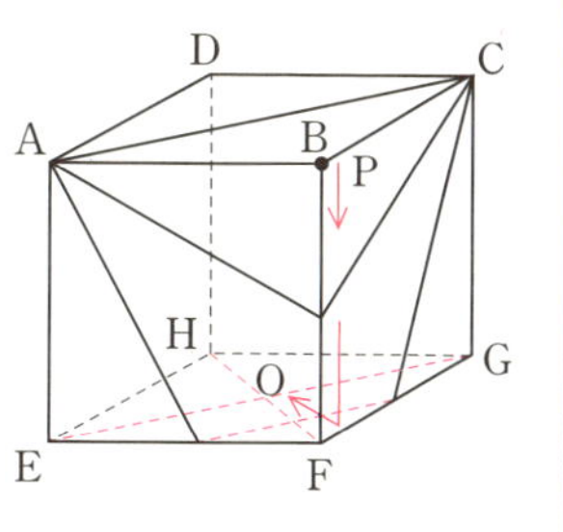

90 피타고라스의 정리

정리

삼각형의 직각을 끼고 있는 두 변의 길이를 a, b, 빗변의 길이를 c라고 하면, $a^2+b^2=c^2$이다.

예제

오른쪽 그림처럼 삼각형 네 개를 늘어놓아 정사각형을 만들었을 때 피타고라스의 정리가 성립됨을 증명해 봅시다.

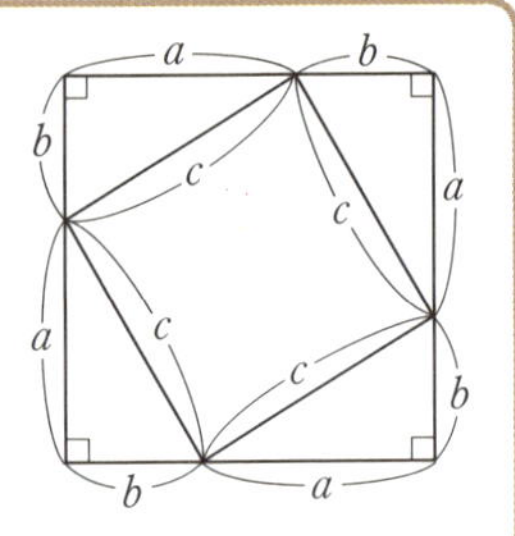

피타고라스의 정리는 기원전 6세기 무렵, 그리스의 **피타고라스**가 오른쪽 그림과 같은 이집트 사원의 바닥 타일을 보고 발견한 것으로 알려져 있습니다.

그럼 예제를 증명해 봅시다.

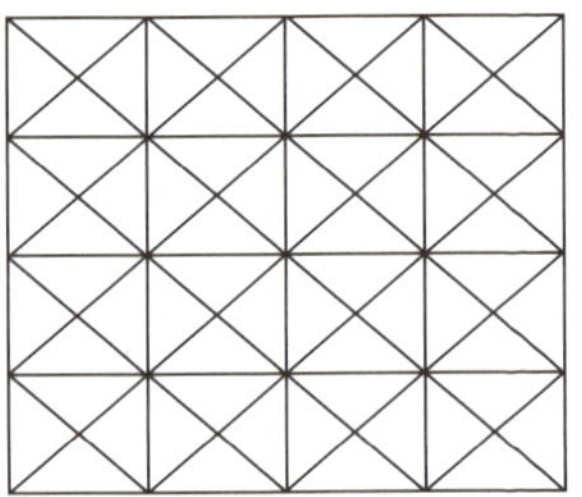

커다란 정사각형에 주목합시다. 넓이는 한 변이 $(a+b)$이기 때문에 $(a+b)^2=a^2+2ab+b^2$입니다. 한편 이 커다란 정사각형은 한 변이 c인 정사각형과 밑변 a, 높이 b인 직각삼각형 네 개를 합친 모양이기도 합니다. 여기에 주목하여 넓이를 구해 보면 $c^2+a\times b\times\dfrac{1}{2}\times4$ $=c^2+2ab$가 됩니다. 따라서 $a^2+2ab+b^2=c^2+2ab$이므로 $a^2+2ab+b^2-2ab=c^2$, $a^2+b^2=c^2$이 성립합니다.

오른쪽 그림처럼 생각해도 됩니다. 역시 커다란 정사각형에 주목하여 넓이를 구하는 두 종류의 식을 등호(=)로 연결합니다.

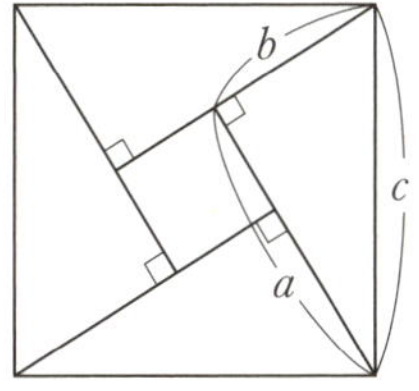

$$(a-b)^2+a\times b\times\dfrac{1}{2}\times4=c^2$$이므로

$$a^2-2ab+b^2+2ab=c^2, \quad a^2+b^2=c^2$$입니다.

오른쪽 그림에서 $\triangle AHC \backsim \triangle ACB$, $\triangle CHB \backsim \triangle ACB$일 경우 피타고라스의 정리를 증명해 봅시다.

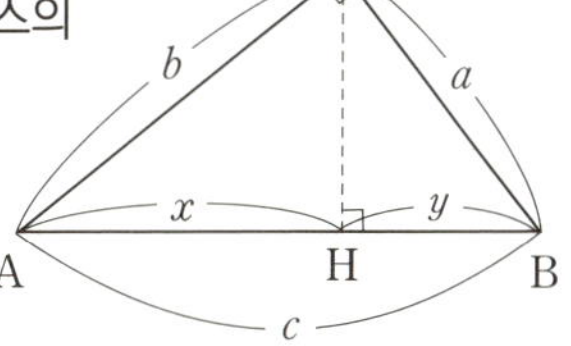

각기둥의 겉넓이 → $S = (\text{옆넓이}) + 2 \times (\text{밑넓이})$
원기둥의 겉넓이 → $S = 2\pi r h + 2\pi r^2$

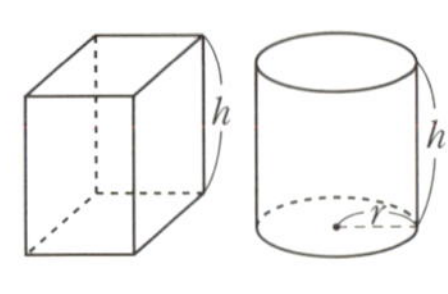

각뿔의 겉넓이 → $S = (\text{옆넓이}) + (\text{밑넓이})$
원뿔의 겉넓이 → $S = \pi r R + \pi r^2$

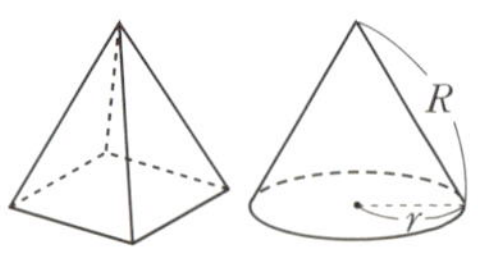

각기둥의 부피 → $V = (\text{밑넓이}) \times (\text{높이})$
원기둥의 부피 → $V = \pi r^2 h$

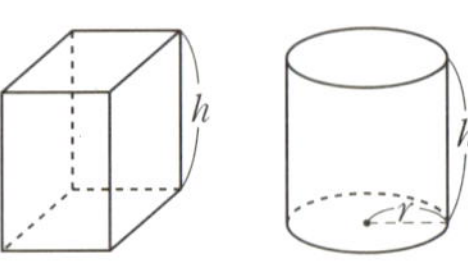

각뿔의 부피 → $V = \dfrac{1}{3} \times (\text{밑넓이}) \times (\text{높이})$

원뿔의 부피 → $V = \dfrac{1}{3} \pi r^2 h$

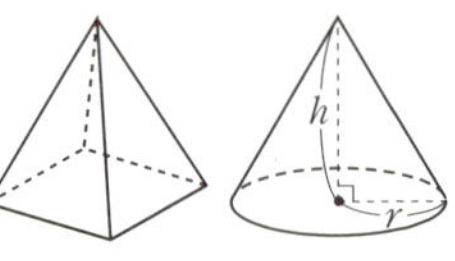

구의 겉넓이 → $S = 4\pi r^2$
구의 부피 → $V = \dfrac{4}{3} \pi r^3$

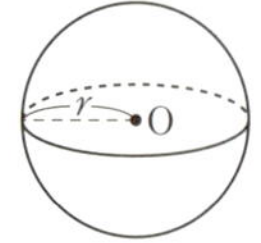

닮은꼴 도형에서 넓이의 비는 $(\text{닮음비})^2$, 부피의 비는 $(\text{닮음비})^3$이다.

정다면체의 종류는 다음의 다섯 가지밖에 없다.
정사면체, 정육면체, 정팔면체, 정십이면체, 정이십면체

다면체에서 면의 수를 f, 변의 수를 e, 꼭짓점의 수를 v라고 한다면,
$f - e + v = 2$이다.

평면은 세 개의 점으로 결정된다.

삼각형의 직각을 끼고 있는 두 변의 길이를 a, b, 빗변의
길이를 c라고 하면, $a^2 + b^2 = c^2$이다.

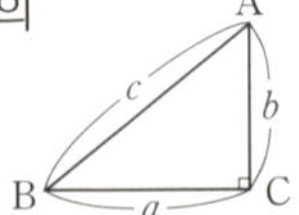

저 액정 TV 정말 선명하다.
혈, 여드름 이라그라?
저, 저거봐! 짱구 이마에 난 여드름 보이지?
어우 짜증나. 뭐? 짱구 여드름이 보인다구? 참나, 걔가 명살인데
다녀왔습니다.
엄마 우리는 왜 TV 안 바꿔요?
왜? 아직 잘 나오는데
양돌이네는 액정 TV인데 정말 커요.
몇 inch (인치)인데?
음, 29인치
그럼 우리집 TV랑 같은 크기야.
아니야, 양돌이네 TV가 훨씬 커 보인단 말예요.
쓸데 없는 소리 말구 들어가서 숙제나 해.
똑같은 29인치 TV인데 왜 양돌이네 TV가 더 커 보일까?
비율은 다르지만 대각선의 길이는 같지!
양돌이TV
29인치
양용이TV
29인치
① 양순이 TV
(가로)²+(세로)²=(대각선)²
=> 4+3=5²
② 양돌이 tv
16+9=25
=>4+3=5²
어쨌든 우리집에도 액정TV 한대 있었으면...... 짱구 이마의 난 여드름 볼수 있었으면...... 비비디바비디부~

91 | 피타고라스의 수

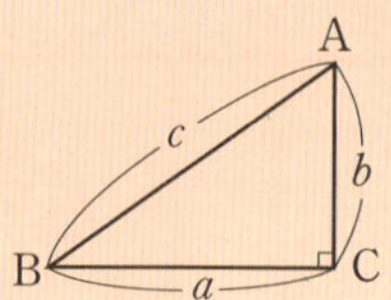

$\triangle ABC$에서 $a^2+b^2=c^2$이면 $\angle C=90°$이다.

세 변의 길이가 다음과 같은 삼각형은 직각삼각형일까요?

① 3cm, 4cm, 5cm　　② 5cm, 7cm, 9cm

$a^2+b^2=c^2$이면 **직각삼각형**입니다. 이 경우 **빗변 c는 세 변 가운데서 가장 긴 변**입니다. 따라서 세 변 가운데서 가장 긴 변을 찾아서 제곱하고, 그것이 나머지 두 변의 제곱의 합과 같으면 그 삼각형은 **직각삼각형**입니다.

$a^2+b^2=c^2$이 성립되지 않는 경우는 다음과 같은 삼각형이 됩니다.

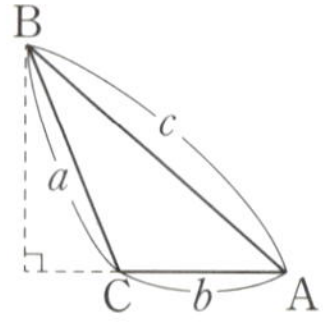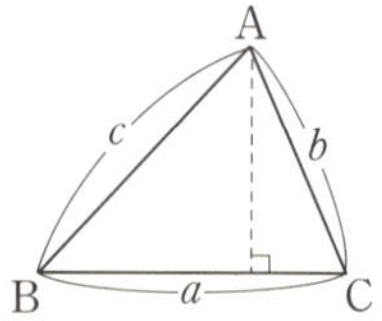

그런데 삼각형의 세 변의 길이가 3, 4, 5일 때는 $3^2+4^2=5^2$이 성립, 직각삼각형이 된다는 사실은 잘 알려져 있습니다. 이처럼 직각

삼각형의 세 변이 정수가 될 때의 숫자 조합을 '**피타고라스의 수**'라고 합니다.

3, 4, 5 이외에 세 변이 정수가 되는 직각삼각형은 또 없을까요? 오른쪽 표가 세 변

a	3	5	15	7	9	$\cdots$
b	4	12	8	24	40	$\cdots$
c	5	13	17	25	41	$\cdots$

이 정수가 되는 직각삼각형입니다. 기억해 두면 도움이 되는 것은 앞쪽의 세 개 정도일 것입니다. **피타고라스의 수**를 구하는 방법을 소개하겠습니다.

$a=m^2-n^2$, $b=2mn$, $c=m^2+n^2(m>n>0)$일 때, 이 삼각형은 직각삼각형이 됩니다. 피타고라스의 정리$(a^2+b^2=c^2)$에 대입을 시켜 보면,

$$a^2+b^2=(m^2-n^2)^2+(2mn)^2=m^4+2m^2n^2+n^4$$

$$c^2=(m^2+n^2)^2=m^4+2m^2n^2+n^4$$

따라서 $a^2+b^2=c^2$이 성립합니다.

다시 말해서 m, n에 정수를 대입하여 $a=m^2-n^2$, $b=2mn$, $c=m^2+n^2$을 구하면 a, b, c가 **피타고라스의 수**가 됩니다. **피타고라스의 수**는 피타고라스가 피타고라스의 정리를 발견하기 전부터, 바빌로니아나 이집트에서는 알려져 있었기에 12m의 줄을 3:4:5로 나누고, 3과 4 사이의 각을 직각으로 하여 측량에 이용했다고 합니다.

연습문제

세 변의 길이가 다음과 같은 삼각형은 어떤 삼각형일까요?

① 6cm, 8cm, 9cm　　　　② 1cm, $\sqrt{2}$cm, $\sqrt{3}$cm

92 삼각자 변의 비

삼각자 한 쌍의 변의 비는
오른쪽과 같다.

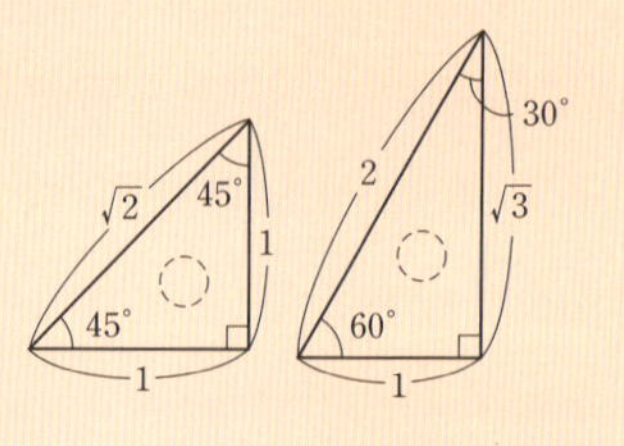

예제 다음 그림에서 x, y의 값을 구해 봅시다.

① 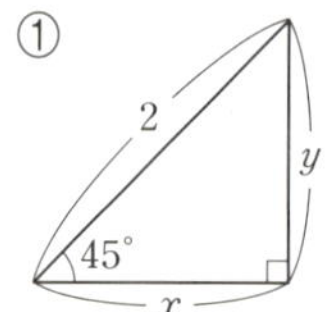

② 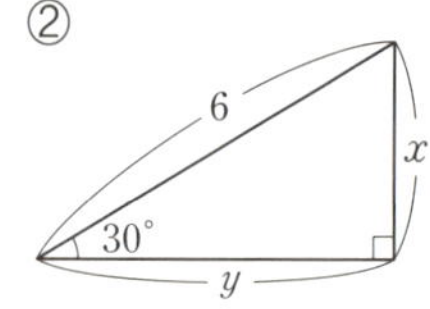

한 쌍의 삼각자는 각각 다음과 같이 만들어질 것으로 생각됩니다.

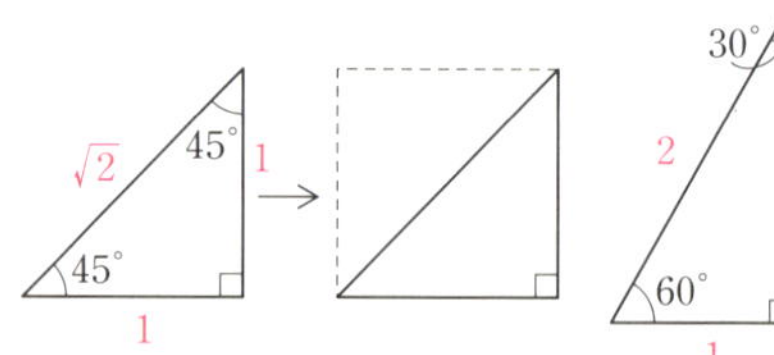

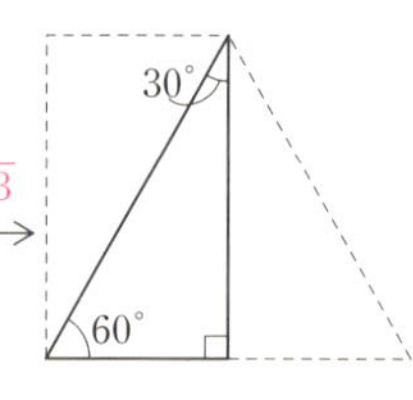

각각 정사각형, 직사각형의 절반(정삼각형의 절반)이고 기본적인

각 $30°$, $45°$, $60°$, $90°$가 있으며 변의 비도 아름답게 이루어져 있습니다.

게다가 한 쌍의 삼각자는 오른쪽 그림처럼 겹쳐집니다. 길이가 같은 변이 있습니다.

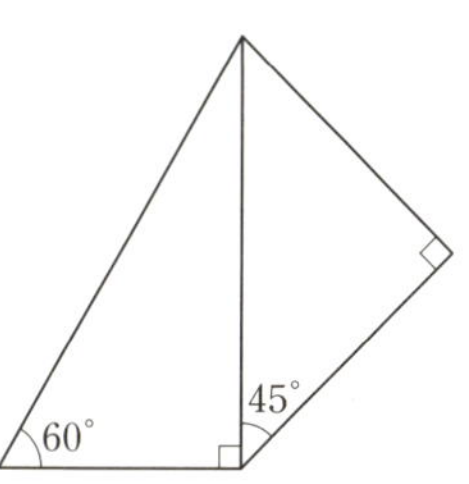

이 삼각자에서 볼 수 있는 **직각이등변삼각형 변의 비 1:1:$\sqrt{2}$와** 세 내각이 $30°$, $60°$, $90°$인 **직각삼각형의 변의 비 1:2:$\sqrt{3}$**은 알아두면 편리합니다. 예제의 답은 ①의 x는 $\sqrt{2}$, $y=\sqrt{2}$, ②의 $x=3$, $y=3\sqrt{3}$입니다.

$30°$, $60°$, $90°$의 변의 비를 이용하여 세 내각이 $15°$, $75°$, $90°$인 직각삼각형의 변의 비를 소개하겠습니다.

다음 그림처럼 $1:(2+\sqrt{3}):(\sqrt{6}+\sqrt{2})$입니다.

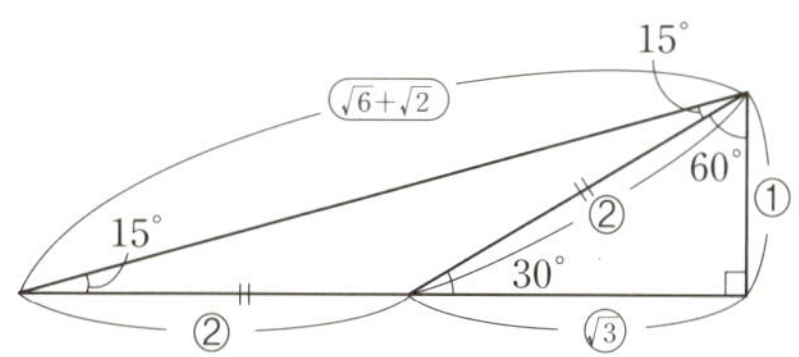

연습문제

오른쪽 그림에서 다음 부분의 길이를 구해 봅시다.

① AC 　② AH

③ BH 　④ AB

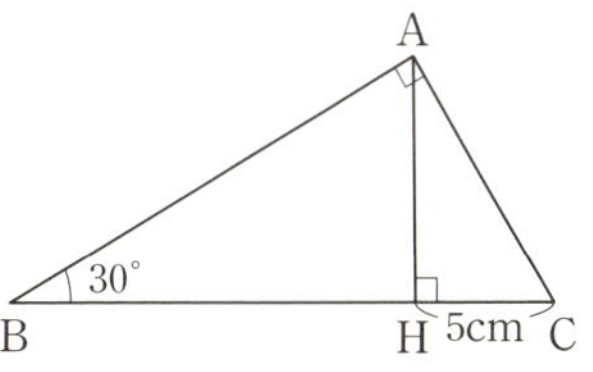

공식

한 변이 a, 높이가 h인 정삼각형의 넓이를 S라고 한다면,

$$h = \frac{\sqrt{3}}{2}a, \quad S = \frac{\sqrt{3}}{4}a^2 \text{이다.}$$

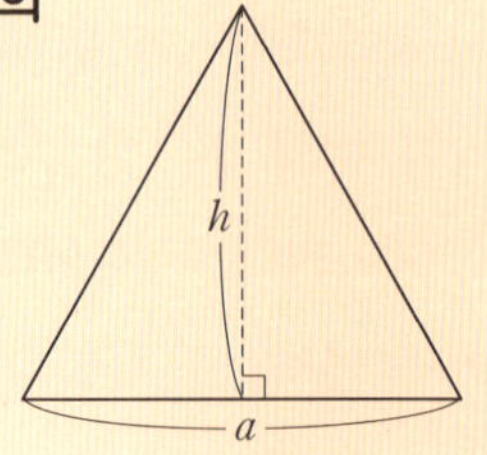

예제 한 변이 10cm인 정삼각형의 높이와 넓이를 구해 봅시다.

일반적으로 **피타고라스의 정리**는 중학교 때 배웁니다. 앞서 소개한 **삼각자 변의 비** 같은 것들도 실생활에 도움이 되지만 저는 무엇보다도 이 **정삼각형의 높이와 넓이**를 구하는 법을 배웠을 때가 가장 기뻤습니다. 그 전까지는 밑변과 높이가 주어진 삼각형이 아니면 넓이를 구할 수 없었는데 피타고라스의 정리 덕분에 정삼각형의 한 변의 길이만 알면 높이와 넓이를 구할 수 있게 되었으니 어떻게 기쁨을 느끼지 않을 수 있었겠습니까?

한편 정삼각형의 꼭짓점에서 대변을 향해서 수선을 그으면 대변의 중점을 수직으

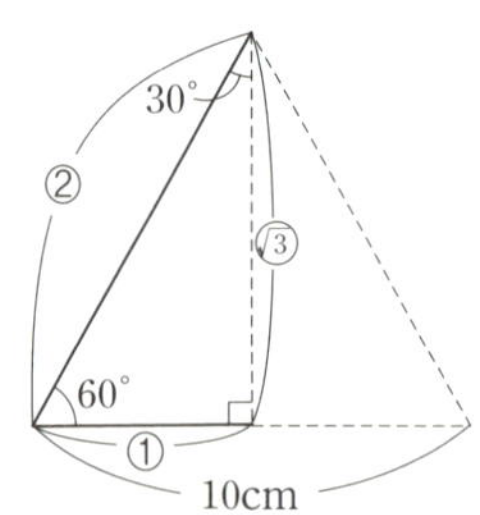

로 이등분하며, **내각이 30°, 60°, 90°인 직각삼각형 두 개가** 만들어집니다. 이 직각삼각형 변의 비는 $1:2:\sqrt{3}$이었습니다. 따라서 한 변이 a인 정삼각형의 높이는 $\dfrac{a}{2}\times\sqrt{3}=\dfrac{\sqrt{3}}{2}a$가 됩니다. 넓이는 (밑변)$\times$(높이)$\times\dfrac{1}{2}$이므로 $a\times\dfrac{\sqrt{3}}{2}a\times\dfrac{1}{2}=\dfrac{\sqrt{3}}{4}a^2$이 됩니다.

예제의 답은, 높이는 $\dfrac{\sqrt{3}}{2}\times10=5\sqrt{3}\,(\mathrm{cm})$, 넓이는 $\dfrac{\sqrt{3}}{4}\times10^2=25\sqrt{3}\,(\mathrm{cm}^2)$입니다.

$\sqrt{3}=1.7320508\cdots\cdots$이기 때문에 근삿값을 1.73이라고 한다면 높이는 $5\sqrt{3}=5\times1.73=8.65\,(\mathrm{cm})$, 넓이는 $25\sqrt{3}=25\times1.73=43.25\,(\mathrm{cm}^2)$입니다. 여기서 수치는 어림수로 그다지 중요하지 않습니다. 밑변 10cm와 비교해서 높이와 넓이가 어느 정도인지를 짐작해 보시기만 하면 됩니다.

다른 문제에도 도전해 봅시다. 반지름이 5cm인 원 O가 있습니다. 이 원의 중심에서 3cm 거리에 있는 현의 길이를 구할 수 있겠습니까? 오른쪽 그림에서처럼 중심 O에서 현 AB로 수선 OH를 그으면, H는 현 AB의 중점이

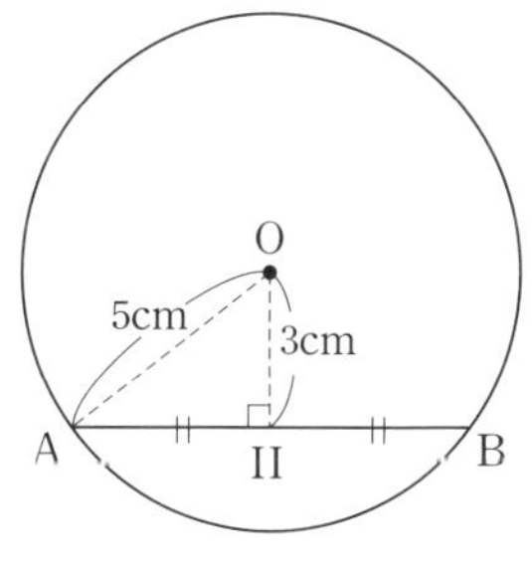

됩니다. △OAH가 $3:4:5$인 직각삼각형이라는 사실을 깨달았다면 AH=4cm이므로, 현의 길이는 8cm라는 사실을 알 수 있습니다.

94 공통접선의 길이

오른쪽 그림처럼 원 O에 직선 PT가 접할 때,
$PT=\sqrt{OP^2-OT^2}$이다.

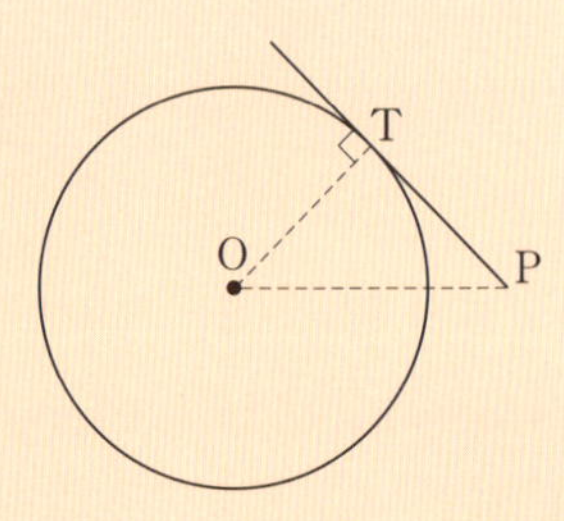

예제 다음 그림처럼 반지름 4cm인 원 O, 반지름 2cm인 원 O′가 있고 두 중심의 거리 OO′는 8cm입니다. 이 두 원에 접하는 직선이 A, B에서 접할 때 선분 AB의 길이를 구해 봅시다.

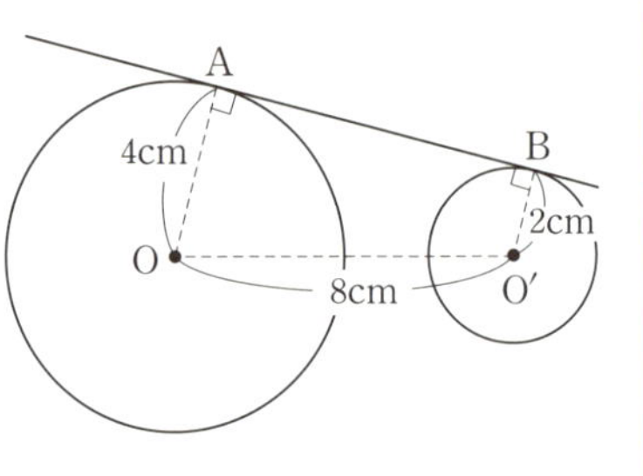

피타고라스의 정리는 쓰임이 많은 정리입니다. 이 **공통접선의 길이**를 구하는 문제도 피타고라스의 정리를 이용하면 쉽게 구할 수 있습니다. 피타고라스의 정리를 이용하려면 **직각삼각형**을 만들어야 합니다. 그렇게 하면 $a^2+b^2=c^2$을 이용할 수 있습니다.

94

예제에서 직각삼각형을 만들기 위해서는 다음 그림과 같이 **보조선**을 하나 그어야 합니다. 그러면 $\mathrm{OH}=\mathrm{OA}-\mathrm{AH}$이고, $\mathrm{AH}=\mathrm{BO'}=2\mathrm{cm}$이므로

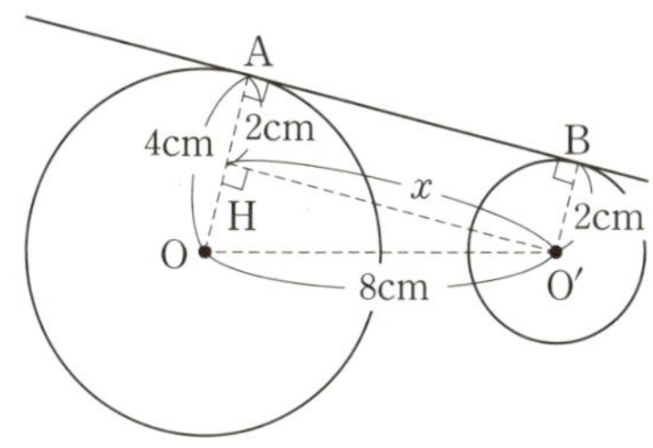

$\mathrm{OH}=2\mathrm{cm}$입니다. 구해야 하는 **공통접선** AB의 길이를 $x\mathrm{cm}$라고 한다면 $\triangle \mathrm{OO'H}$는 빗변이 $8\mathrm{cm}$, 다른 두 변이 $2\mathrm{cm}$, $x\mathrm{cm}$인 직각삼각형이 됩니다.

$2^2+x^2=8^2$이므로 $x^2=8^2-2^2=64-4=60$, $x>0$이기 때문에 $x=\sqrt{60}=2\sqrt{15}(\mathrm{cm})$입니다.

그렇다면 오른쪽 그림과 같은 경우 CD의 길이는 어떻게 될까요?

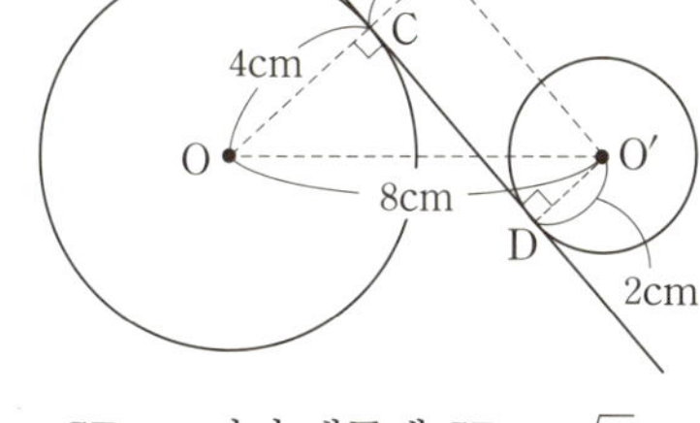

$\mathrm{CD}=\mathrm{O'H'}$이므로,

$\mathrm{CD}^2=\mathrm{OO'}^2=\mathrm{OH'}^2=8^2-6^2=28$, $\mathrm{CD}>0$이기 때문에 $\mathrm{CD}=2\sqrt{7}\mathrm{cm}$입니다.

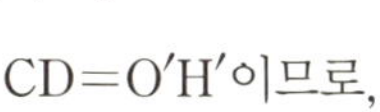

오른쪽 그림처럼 두 개의 원 O, $\mathrm{O'}$가 접해 있을 때 공통접선 AB의 길이를 구해 봅시다.

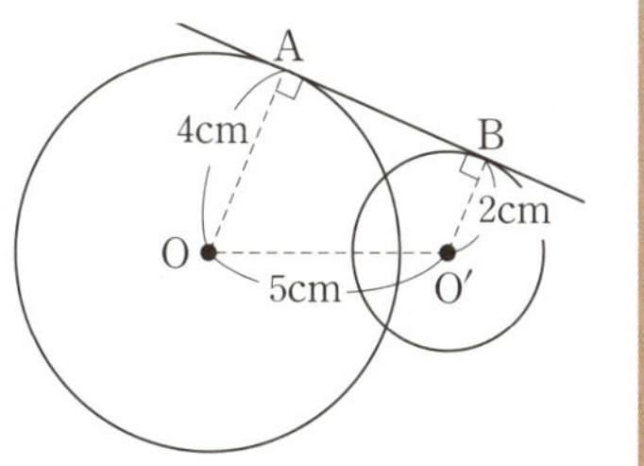

95 두 점의 거리

$A(a_1, b_1), B(a_2, b_2)$ 일 때,
$$AB = \sqrt{(a_2 - a_1)^2 + (b_2 - b_1)^2}$$
이다.

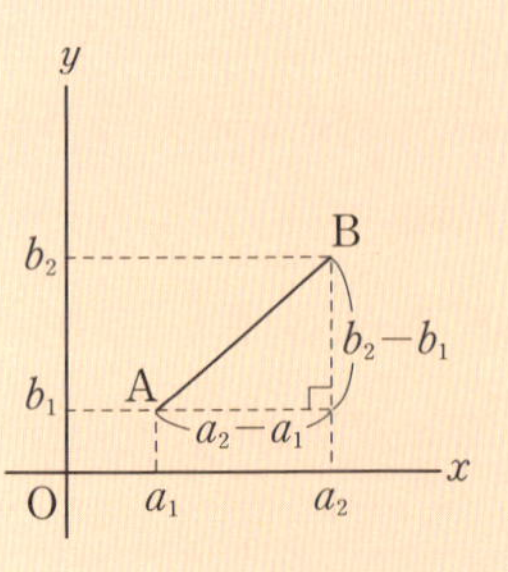

 좌표평면 위의 두 점 $A(-4, -2)$, $B(4, 4)$의 거리를 구해 봅시다.

두 점의 거리를 피타고라스의 정리를 이용하여 구하는 문제도 풀 수 있게 되면 기분이 좋아집니다.

여기서도 피타고라스의 정리를 이용하기 위해서는 **직각삼각형을 만들어야 합니다.** 좌표 위에 두 점 A, B를 잡고 A에서 x축, B에서 y축에 평행한 직선을 그어 그 교점을 H라고 하면 △AHB는 직각삼각형이 됩니다. 이렇게 하면 피타고라스의 정리를 이용할 수 있습니다. 예제에서,

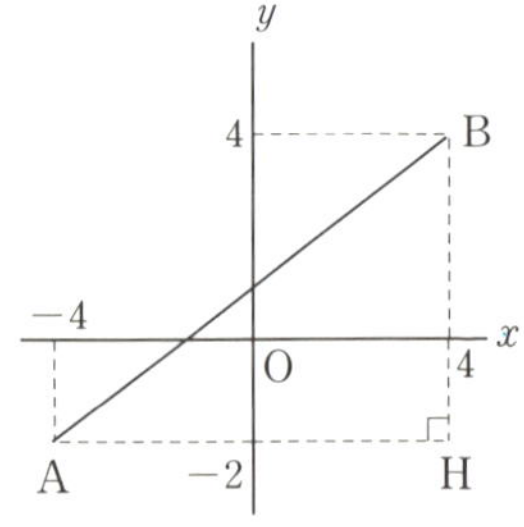

95

$$AB^2 = AH^2 + BH^2 = \{4-(-4)\}^2 + \{4-(-2)\}^2 = 8^2 + 6^2 = 100$$

이고 AB>0이므로 AB=10임을 알 수 있습니다.

$$\textcolor{red}{(두\ 점의\ 거리)^2 = (x좌표의\ 차)^2 + (y좌표의\ 차)^2}$$

이렇게 기억해 둡시다. 이 공식을 이용하여 이번에는 삼각형의 모양을 살펴봅시다.

세 점 A, B, C의 좌표가 $(-2,\ 8)$, $(1,\ -1)$, $(4,\ 5)$일 때, △ABC는 어떤 삼각형이 될까요?

오른쪽 그림처럼 세 개의 꼭짓점에서 x축, y축에 평행한 선을 긋습니다. 바깥쪽의 삼각형에서 피타고라스의 정리를 이용하면, $AB=3\sqrt{10}$, $BC=3\sqrt{5}$, $CA=3\sqrt{5}$이므로 **BC=CA인 이등변삼각형**이 됩니다. 하지만 이것으로 끝이 아닙니다. 가장 긴 변의 제곱과 다른 두 변의 제곱의 합을 비교해 보시기 바랍니다. $(3\sqrt{10})^2 = 90$, $(3\sqrt{5})^2 + (3\sqrt{5})^2 = 90$으로 같습니다. 다시 말해서 △ABC는 직각삼각형이기도 합니다. 따라서 정답은 **∠C=90°인 직각이등변삼각형**입니다.

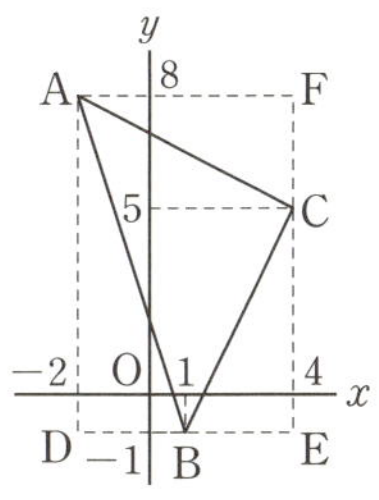

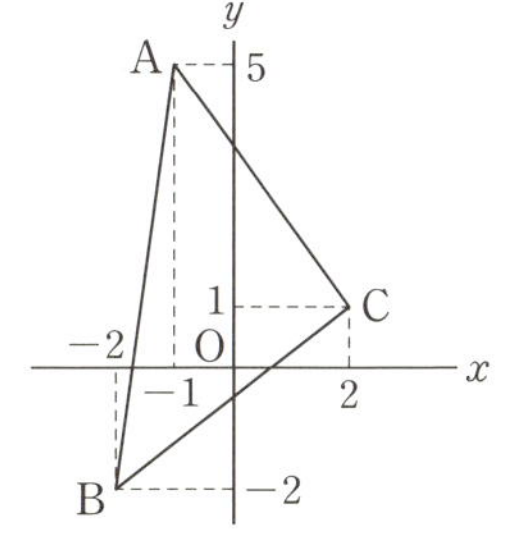

세 점 A, B, C의 좌표가 $(-1, 5)$, $(-2, -2)$, $(2, 1)$일 때 △ABC는 어떤 삼각형일까요?

96 중선 정리(파푸스의 정리)

△ABC의 변 BC의 중점을
M이라고 하면
$$AB^2 + AC^2 = 2(AM^2 + BM^2)$$
이다.

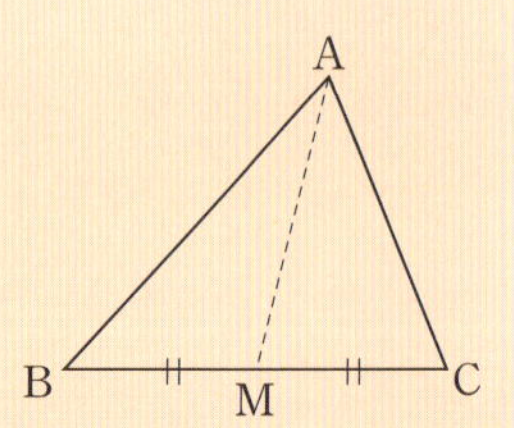

예제 정리를 증명해 봅시다.

오른쪽 그림처럼 꼭짓점 A에서 변 BC로 수선 AH를 그어 BM=CM $=m$, MH=n, AH=h라고 한다면 △ABH, △ACH, △AMH가 각각 직각삼각형이기 때문에 피타고라스의 정리를 이용하여 다음 그림과 같은 식을 만들 수 있습니다.

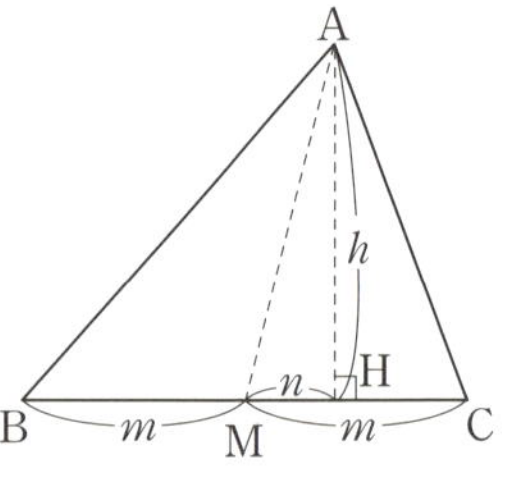

$$AB^2 = BH^2 + AH^2 = (m+n)^2 + h^2$$
$$AC^2 = CH^2 + AH^2 = (m-n)^2 + h^2$$
$$AM^2 = MH^2 + AH^2 = n^2 + h^2$$

따라서

96

$$AB^2 + AC^2 = (m+n)^2 + h^2 + (m-n)^2 + h^2$$
$$= m^2 + 2mn + n^2 + h^2 + m^2 - 2mn + n^2 + h^2$$
$$= 2m^2 + 2n^2 + 2h^2 = 2(m^2 + n^2 + h^2)$$
$$= 2(AM^2 + BM^2)$$

으로 증명이 됩니다.

이것은 △ABC가 오른쪽 그림과 같은 **둔각삼각형**(하나의 내각이 $90°$보다 큰 삼각형)에서도 성립합니다. 조금 전의 $CH = m - n$이 $CH = n - m$으로 바뀔 뿐입니다.

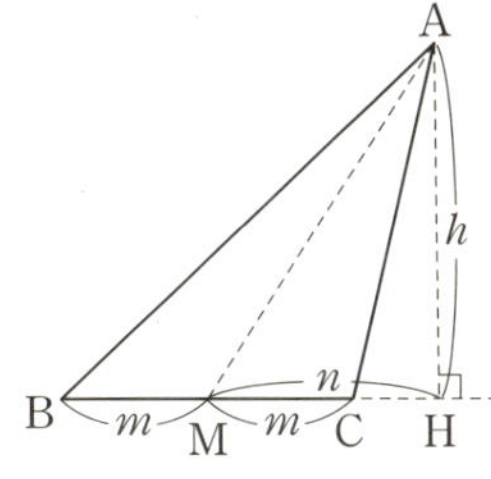

$BM = CM = m$, $MH = n$, $AH = h$라고 한다면 △ABH, △ACH, △AMH가 각각 직각삼각형입니다.

$$AB^2 = BH^2 + AH^2 = (m+n)^2 + h^2$$
$$AC^2 = CH^2 + AH^2 = (n-m)^2 + h^2$$
$$AM^2 = MH^2 + AH^2 = n^2 + h^2$$

$$AB^2 + AC^2 = (m+n)^2 + h^2 + (n-m)^2 + h^2 = m^2 + 2mn + n^2$$
$$+ h^2 + n^2 - 2mn + m^2 + h^2 = 2m^2 + 2n^2 + 2h^2 = 2(m^2 + n^2 + h^2)$$
$$= 2(AM^2 + BM^2)$$으로 증명이 됩니다.

연습문제

오른쪽 그림에서 △ABC의 꼭짓점 A에서 변 BC로 그은 선분을 AH라고 한다면 $AB^2 - AC^2 = BH^2 - CH^2$이라는 사실을 증명해 봅시다.

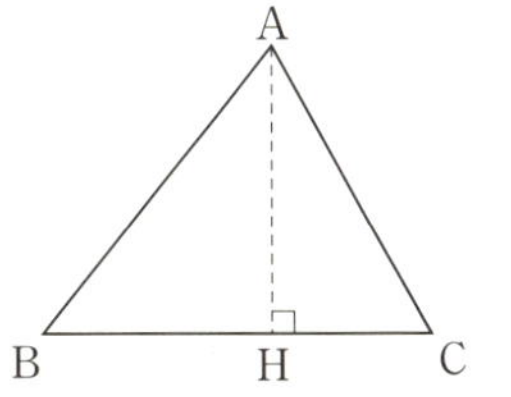

97 헤론의 공식

세 변의 길이가 a, b, c인 삼각형의 넓이를 S라고 한다면,

$$S=\sqrt{s(s-a)(s-b)(s-c)}\text{이다.}$$

$$\left[\text{단 } s=\frac{1}{2}(a+b+c)\right]$$

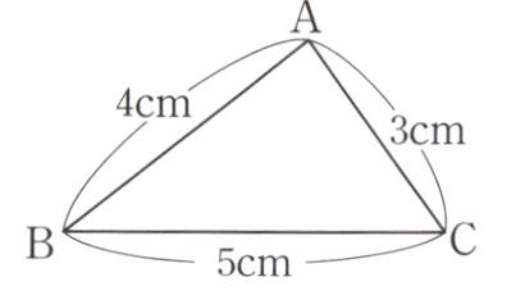

오른쪽 그림과 같은 △ABC의 넓이를 구해 봅시다.

헤론의 공식을 사용하려면 우선 s를 구해야만 합니다. 세 변의 합의 $\frac{1}{2}$의 값입니다. 예제에서는, $\dfrac{3+4+5}{2}=6$입니다. 이것을 헤론의 공식에 대입하면 $\sqrt{6(6-5)(6-3)(6-4)}=\sqrt{6\times1\times3\times2}=\sqrt{36}=6(\text{cm}^2)$입니다.

물론 예제의 삼각형은 변의 비가 $3:4:5$로 "피타고라스의 수이므로 $\angle A=90°$인 직각삼각형이다!"라는 사실에 주목하여 $4\times3\times\dfrac{1}{2}=6(\text{cm}^2)$라고 구해도 됩니다. 피타고라스의 수임을 알아낸 분들, 정말 대단합니다. 가능한 한 간단한 방법으로 문제를 푸는 것이 수학의 재미입니다. 간단한 방법을 이용하면 계산을 잘못할 확률도 줄어듭니다. 이것은 일에도 응용할 수 있습니다. **가능한 한 간단하게.**

헤론의 공식은 토지의 넓이를 측량할 때도 쓰입니다. 복잡한 토지라도 삼각형으로 분할하면 넓이를 구할 수 있습니다.

토지 넓이의 단위로 지금은 'm^2'를 사용하고 있지만 예전에는 '평'을 주로 사용했습니다. 부동산 중개인처럼 '평'을 자주 쓰는 사람이 아니면 "100m^{2}는 몇 평?"이라는 질문을 받아도 바로 환산하기 어렵습니다. 한 평은 약 3.3m^{2}입니다. 100m^{2}를 '평'으로 환산하려면 100÷3.3을 하면 되는데, 100÷3.3도 암산으로 하기에는 약간 복잡합니다. 따라서 근삿값을 이용하여 간단한 환산법을 소개하도록 하겠습니다.

'm^2 → 평'의 '÷3.3'은 3.3×3≒10이므로 **"3을 곱해서 마지막 자릿수를 지운다."**고 생각하면 됩니다. 100m^{2}는 100÷3.3＝30.30……(평) 인데, 3을 곱해서 마지막 자릿수를 지우면, 100×3÷10＝30(평)이 되므로 매우 가까운 값을 구할 수 있습니다. 즉, 100m^{2}는 대략 30평입니다.

반대 경우는 어떨까요? '평 → m^2'는 **"3으로 나눠서 0을 붙인다."**고 생각하면 대략의 넓이를 구할 수 있습니다. 예를 들어서 토지가 12평이라면 12÷3×10＝40(m^2)입니다. 40m^{2}는 세로 5m, 가로 8m인 직사각형의 넓이입니다. 토지의 넓이를 쉽게 그려볼 수 있게 되었지요? 물론 '평'이라는 단위를 쓰는 쪽이 더 편한 분도 계실테지만요.

직육면체 대각선의 길이

오른쪽 그림과 같은 직육면체 대각선의
길이를 l 이라고 한다면,
$$l = \sqrt{a^2 + b^2 + c^2}\text{이다.}$$

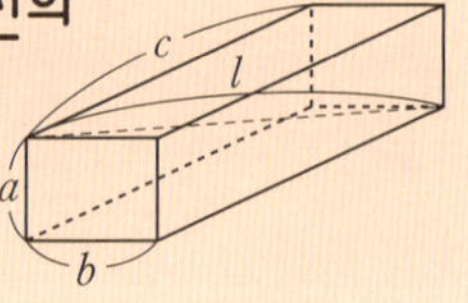

오른쪽 그림과 같은 직육면체의
대각선의 길이를 구해 봅시다.

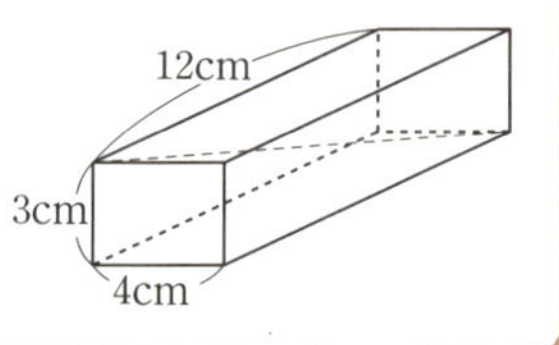

피타고라스의 정리는 입체도형에도 응용할 수 있습니다. 하지만
이용할 수 있는 것은 어디까지나 **직각삼각형**뿐입니다. 직육면체 속
에 직각삼각형을 만들고 피타고라스의 정리를 두 번 사용하여 대각
선의 길이를 구합니다.

직육면체의 대각선 AG의 길이를 구
해야 합니다. 그런데 AG는 △AEG의
한 변을 이루고 있음을 알 수 있습니다.
그리고 ∠AEG=90°인 **직각삼각형의**

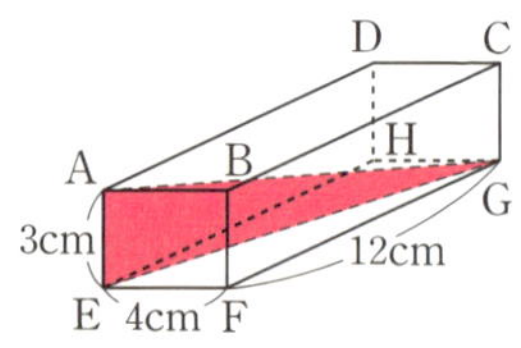

빗변을 이루고 있습니다. 따라서 피타고라스의 정리를 이용할 수

있다는 사실을 알 수 있습니다. 여기서 다른 두 변을 살펴보면 AE ＝3cm라는 사실을 알 수 있지만, EG의 길이는 알 수 없습니다. 그런데 EG는 △EFG의 한 변을 이루고 있음을 알 수 있습니다. 게다가 $\angle$**EFG＝90°인 직각삼각형의 빗변**입니다. 피타고라스의 정리를 이용하여 구할 수 있습니다. 그럼 한번 풀어 봅시다.

△EFG에 주목하여 $EG^2＝EF^2＋FG^2＝4^2＋12^2＝160$입니다. 여기서 $EG^2＝160$은 더 계산하지 않겠습니다. 왜냐하면 다음 계산에서 EG^2을 이용하기 때문입니다. 다음은 △AEG에 주목하여 $AG^2＝AE^2＋\underline{EG^2}＝3^2＋160＝169$, $AG＞0$이므로 $AG＝13$cm입니다.

이처럼 수학에서는 하나의 목표를 정하고 그것에 도달하기까지 순서대로 과정을 밟아 갑니다. 목표가 흐려지면 정답에 이를 수 없습니다. 이와 같은 사고방식을 기르는 것이 수학을 배우는 목적 중 하나입니다.

위와 같은 과정으로 직육면체의 대각선을 구할 수 있었습니다. 그런데 이것이 공식처럼 되어 있어 한 번에 구할 수 있습니다. 예제는 $\sqrt{3^2＋4^2＋12^2}＝\sqrt{9＋16＋144}＝\sqrt{169}＝13(\text{cm})$입니다.

공식으로 단번에 구한 답과 차례차례로 구한 답 모두 똑같습니다. 효율적으로 답을 구하는 힘, 해결할 수 있는 기술도 물론 필요하기는 합니다. 하지만 차례차례로 구하는 편이 훨씬 더 커다란 달성감을 맛볼 수 있습니다. 수학의 오묘한 맛이라고 할 수 있겠습니다.

99 입체도형의 최단 거리

공식

입체도형의 최단 거리는 전개도 위에 나타난다.

예제 그림과 같은 직육면체 ABCD−EFGH에서, 점 A에서 이 직사각형의 겉면을 지나 점 G까지 이르는 최단 거리를 구해 봅시다.

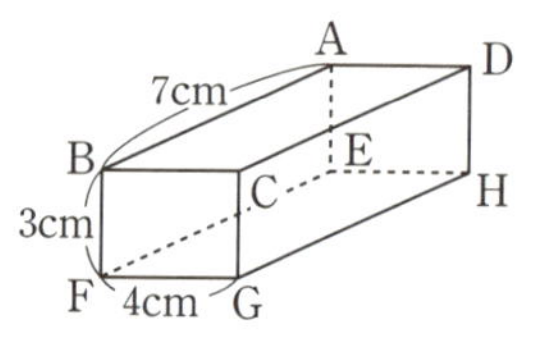

입체도형 위의 최단 거리는 전개도를 그려 보면 한눈에 알 수 있습니다. 모든 면을 전개도로 그릴 필요는 없습니다.

오른쪽 그림처럼 면 ABCD, 면 BFGC, 면 CGHD만 그리면 됩니다. 이 전개도를 살펴보면 점 A와 점 G를 잇는 최단거리는 변 CD를 지나는 직선 AG의 길이가 됨을 알 수 있습니다. 피타고라스의 정리를 이용하면 $AG^2 = AH^2 + HG^2$이므로 $AG^2 = 7^2 + 7^2 = 98$, $AG > 0$이기 때문에 $AG = \sqrt{98} = 7\sqrt{2}\,(cm)$가 정답입니다.

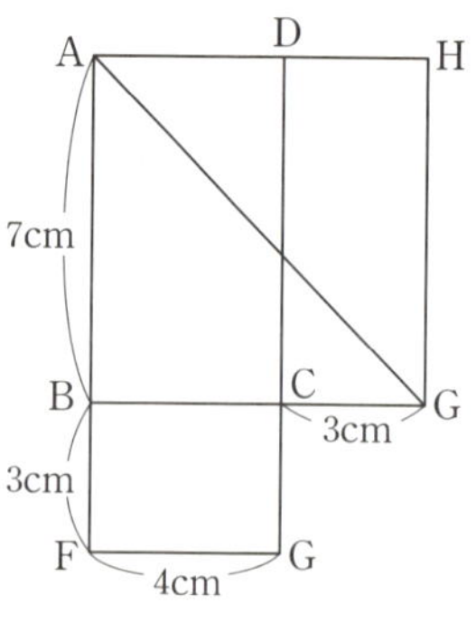

한편 오른쪽 원뿔에서, 점 A에서부터 옆면을 한 바퀴 돌 때의 최단

거리는 몇 cm일까요?

바로 원뿔의 **옆면의 전개도**를 그려보기로 합시다. **원뿔의 옆면은 부채꼴**입니다. **중심각의 크기**를 구해야 합니다. 중심각의 크기는 $360° \times \dfrac{(밑면의\ 반지름)}{(원뿔의\ 모선)}$ 으로 구할 수 있습니다. 여기서는 $360° \times \dfrac{4}{12} = 120°$입니다. 그리고 점 O에서 선분 AA'

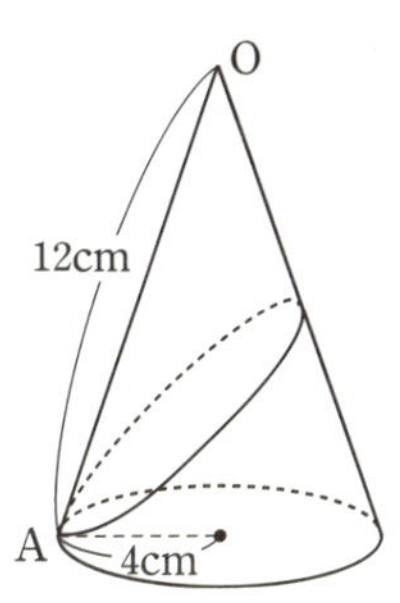

에 수선을 그으면 $\triangle OAH$ 는 세 개의 내각이 60°, 30°, 90°인 직각삼각형이 됩니다.

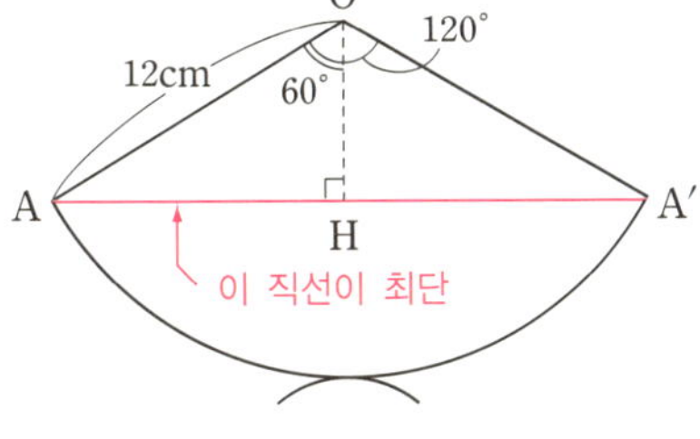

$AH : OA = \sqrt{3} : 2$이므로

$AH : 12 = \sqrt{3} : 2$, $2AH = 12\sqrt{3}$, $AH = 6\sqrt{3}$cm로, AA'는 $12\sqrt{3}$cm 가 됩니다.

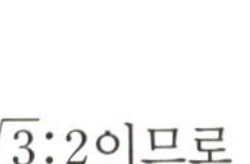

연습문제

오른쪽 그림처럼 밑면의 반지름이 2cm, 모선의 길이가 8cm인 원뿔 O가 있습니다. OB=6cm 일 때, 같은 모선 위에 있는 두 점 A에서 B까지 실을 두르려고 하는데 그 실을 길이가 가장 짧아 질 때의 길이는 얼마일까요?

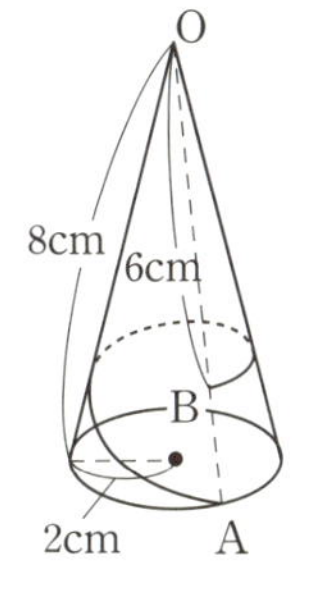

투영도와 실제 길이

공식

투영도의 실제 길이는 기선에 평행이나 수직인 선분에 주목

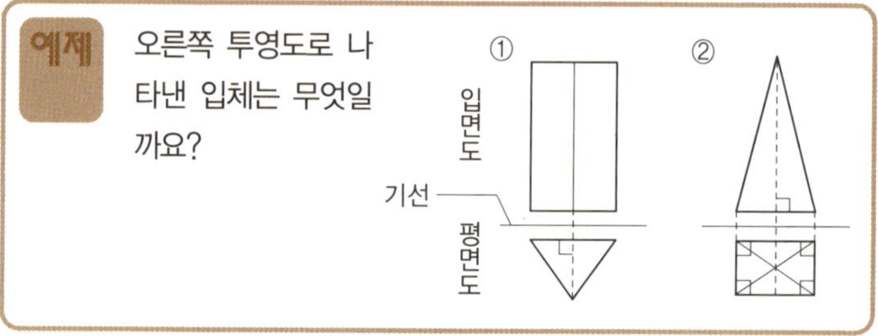

투영도란 입체를 위, 정면, 옆의 세 면에서 본 그림을 하나의 평면에 나타낸 그림으로 정면에서 본 **입면도**, 위에서 본 **평면도**, 옆에서 본 **측면도**로 나타냅니다. 여기서 측면도는 생략했습니다.

예제 ①은 **평면도**를 통해서 **밑면이 삼각형**이고, **입면도**를 통해서 **측면이 직사각형**임을 알 수 있기 때문에 **삼각기둥**이라는 사실을 알 수 있습니다. 예제 ②는 **평면도**를 통해서 **밑면이 직사각형**이고, **입면도**를 통해서 **옆면이 삼각형**임을 알 수 있기 때문에 **사각뿔**이라는 사실을 알 수 있습니다.

그렇다면 **투영도**에서 실제의 길이는 어디에 나타나 있는지를 살펴보겠습니다.

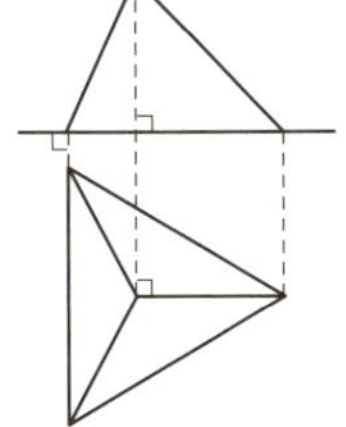

오른쪽 그림을 봐 주시기 바랍니다. 이것도 투영도입니다. 이 입체는 무엇일까요?

평면도를 통해서 밑면이 삼각형이고 입면도를 통해서 옆면이 삼각형임을 알 수 있으니 이것은 **삼각뿔**입니다.

그런데 이 삼각뿔 밑면의 변의 길이나 옆면의 변의 길이는 어디를 보면 알 수 있을까요?

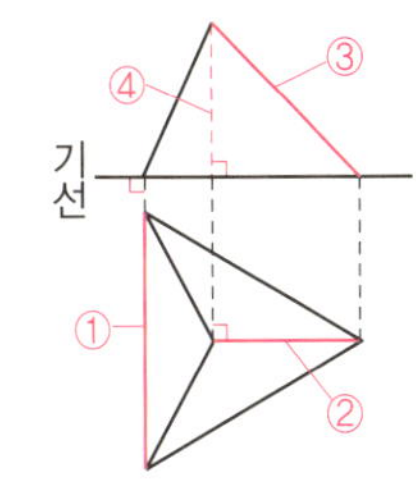

우선 밑면의 변의 길이는 **평면도**에 주목합니다. **기선과 수직을 이루는 선분** ①이 있습니다. 이 선분이 밑면의 변의 실제의 길이를 나타냅니다.

다음으로 옆면의 변의 길이도 역시 **평면도**에 주목합니다. **기선에 평행한 선분** ②가 있습니다. 이 선분에 대응하는 **입면도의 선분** ③이 옆면의 변의 길이를 나타냅니다.

그렇다면 이 입체의 높이는 투영도의 어디에 나타나 있을까요? 이번에는 **입면도**에 주목합니다. **기선과 수직을 이루는 선분** ④가 있습니다. 이 선분의 길이가 입체의 높이를 나타냅니다.

연습문제

오른쪽 그림은 한 변이 2cm인 정사면체의 투영도입니다. 겉넓이와 부피를 구해 봅시다.

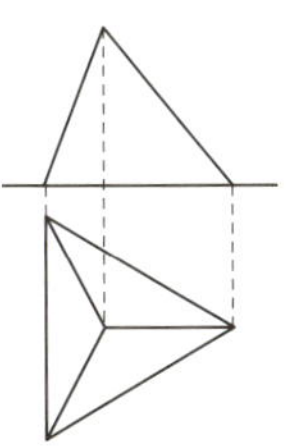

△ABC에서 $a^2+b^2=c^2$이면 $\angle C=90°$이다. [그림 1 참고]

삼각자 한 쌍의 변의 비는 [그림 2]와 같다.

한 변이 a, 높이가 h인 정삼각형의 넓이를 S라고 한다면,
$h=\dfrac{\sqrt{3}}{2}a$, $S=\dfrac{\sqrt{3}}{2}a^2$이다. [그림 3 참고]

[그림 4] 처럼 원 O에 직선 PT가 접할 때, $\mathrm{PT}=\sqrt{\mathrm{OP}^2-\mathrm{OT}^2}$ [그림 4 참고]

$\mathrm{A}(a_1,\ b_1)$, $\mathrm{B}(a_2,\ b_2)$일 때, $\mathrm{AB}=\sqrt{(a_2-a_1)^2+(b_2-b_1)^2}$ [그림 5 참고]

△ABC의 변 BC의 중점을 M이라고 하면
$\mathrm{AB}^2+\mathrm{AC}^2=2(\mathrm{AM}^2+\mathrm{BM}^2)$ [그림 6 참고]

세 변의 길이가 a, b, c인 삼각형의 넓이를 S라고 한다면,
$S=\sqrt{s(s-a)(s-b)(s-c)}$, 단 $s=\dfrac{1}{2}(a+b+c)$ [그림 7 참고]

[그림 8]과 같은 직육면체 대각선의 길이를 l이라고 한다면,
$$l=\sqrt{a^2+b^2+c^2}$$

입체도형의 최단 거리는 전개도 위에 나타난다.

투영도의 실제 길이는 기선에 평행이나 수직인 선분에 주목

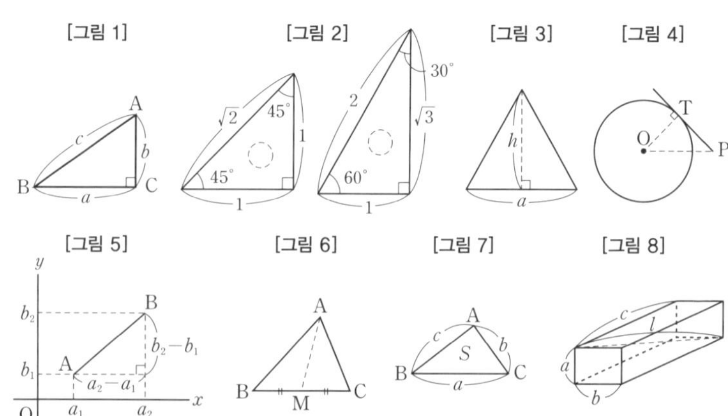

양돌아, 나도 머리에 저런 수건 쓰고 싶어.
양순아, 우린 이미 저런 머리야.
우리 황토방 들어가자.
아니야 피라미드방에 들어가자.
황토방
왜 하필 피라미드 방?
피라미드
그럼 정말 네 수학 실력이 좋아졌는지 확인해 볼게.
왠지 저기 들어가면 이집트의 수학자들처럼 수학을 잘 할거 같아.
no problem!
여기 방의 중간 단면은 삼각형이야. 그런데 여기 바닥이랑 벽의 길이는
7m
8m
?
각각 7m랑 8m야. 이때 바닥에서 꼭지점까지의 높이는?
um, It's very difficult!
no, very easy!
야, 수학은 늘지 않고 영어 실력만 좋아진거 같다.
자 잘봐. 여기서 저기 꼭지점의 높이는
$\overline{OH}^2+\overline{HM}^2=\overline{OM}^2$
$\overline{OH}^2=\overline{OM}^2-\overline{HM}^2$
$=7^2-4^2$
$=33$
$\overline{OH}=\sqrt{33}$
알겠니?
양돌아, 우리 그만 다른 방에 가자.

36 동점에 관한 문제 p.89

답 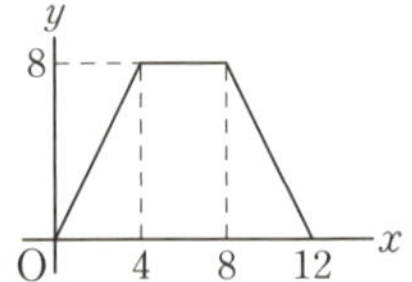

37 좌표평면 위의 삼각형과 사각형의 넓이 p.91

답 17

40 포물선 p.97

답 $x=-3$일 때 최댓값 9,
$x=0$일 때 최솟값 0

41 변화의 비율 p.101

답 29.4 　 $\because \dfrac{4.9\times5^2-4.9\times1^2}{5-1}$

42 포물선과 직선의 교점 p.103

답 ① $y=-2x+8$　② $\mathrm{P}(-2,\,4)$

43 경우의 수 p.105

답 18가지 　 $\because 3\times3\times2=18$

44 순열 p.107

답 1320가지
　　 $\because 12\times11\times10=1320$

45 조합 p.109

답 10가지 　 $\because \dfrac{5\times4\times3}{3\times2\times1}=10$

46 확률 p.111

답 ① $\dfrac{1}{6}$　② $\dfrac{35}{36}$

47 기댓값 p.113

답 약 1,438원

49 기본 작도 p.117

답 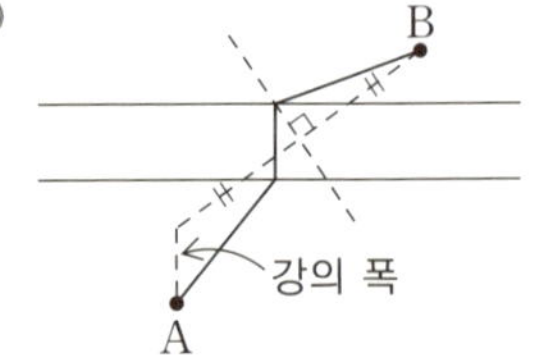

50 최단 거리 p.119

답 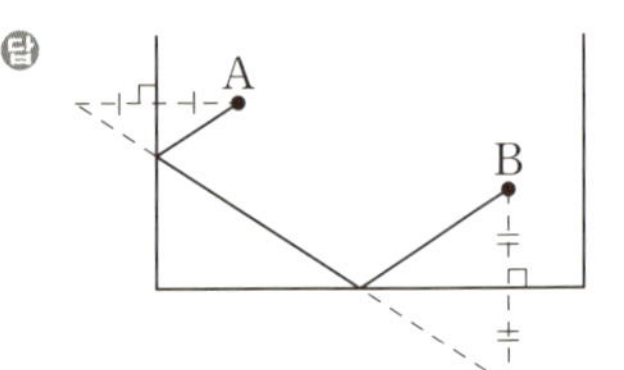

51 원의 지름 p.123

답 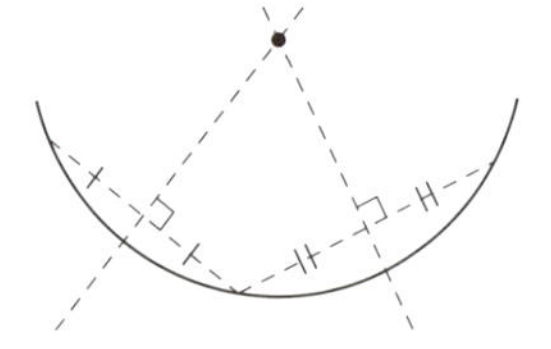

52 원과 부채꼴 p.125

답 $12\pi\mathrm{cm}^2$ 　 $\because \dfrac{1}{2}\times4\pi\times6=12\pi$

53 원주각의 정리 p.127

답 ① $\angle x=90°$　② $\angle x=55°$

54 접현정리 p.129

답 ① $\angle x=60°,\ \angle y=40°$
　　② $\angle x=30°,\ \angle y=20°$

55 원에 외접하는 다각형의 변의
　　성질　　　　　　　　p.131

답 ① 2　② 4

56 평행선과 각　　　　p.133

답 ① $\angle x=65°$　② $\angle x=30°$

57 다각형의 내각의 합, 외각　p.135

답 ① $\angle x=130°$　② $\angle x=20°$

58 별 모양의 각을 구하는 법　p.137

답 $360°$

59 n각형의 대각선의 수　p.139

답 ① 20개　$\because \dfrac{8\times5}{2}=20$

　② 구각형　$\because \dfrac{n(n-3)}{2}=27$

　③ 306시합　$\because 18\times17=306$

60 삼각형의 합동조건　　p.141

답 가

61 직각삼각형의 합동조건　p.145

답 $\triangle ADB\equiv\triangle CEA$이므로

　$BD+CE=AE+AD=DE$

62 평행사변형이 되는 조건　p.147

답 마름모$\cdots AB=AD$ 혹은

　　$AC\perp BD$

직사각형$\cdots\angle ABC=90°$

정사각형$\cdots AB=AD$ 혹은

　　$AC\perp BD$ 그리고

　　$\angle ABC=90°$

63 등적변형　　　　　p.149

답
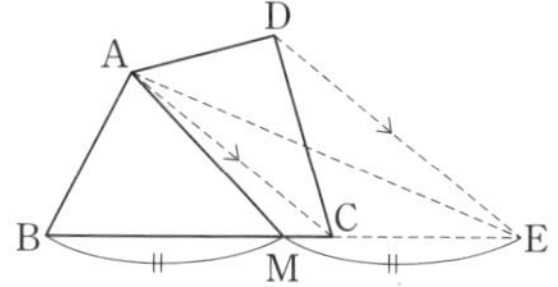

64 삼각형의 닮음의 조건　p.151

답 $\triangle ADE$, $\triangle ACB$, $\triangle CFE$

65 축도　　　　　　　p.153

답 ① 0.3km

　② 0.4km

　③ 0.5km

67 변의 등분　　　　　p.157

답 내분점 P_3, 외분점 P_5

68 평행선과 넓이의 비와 닮음비

　　　　　　　　　　p.159

① $1:4$　② $1:2$　③ $1:9$

69 방멱의 정리　　　　p.161

답 ① $x=10$cm

　② $x=10$cm

　③ $x=4$cm

　④ $x=2\sqrt{3}$cm

71 황금비　　　　　　p.167

답 $\dfrac{2}{\sqrt{5}-1}=\dfrac{2(\sqrt{5}+1)}{(\sqrt{5}-1)(\sqrt{5}+1)}$

　$=\dfrac{\sqrt{5}+1}{2}$

236

중학 수학 공식 7일 만에 끝내기

펴낸날	초판 1쇄 2009년 6월 28일
	초판 11쇄 2021년 9월 30일

지은이	세오 가즈히로
옮긴이	박현석
그린이	NTOON 만화
펴낸이	심만수
펴낸곳	(주)살림출판사
출판등록	1989년 11월 1일 제9-210호

주소	경기도 파주시 광인사길 30		
전화	031-955-1350	팩스	031-624-1356
홈페이지	http://www.sallimbooks.com		
이메일	book@sallimbooks.com		

ISBN 978-89-522-1150-7 43410

살림Math는 (주)살림출판사의 수학·과학 브랜드입니다.

※ 값은 뒤표지에 있습니다.
※ 잘못 만들어진 책은 구입하신 서점에서 바꾸어 드립니다.